人，为什么活着

高森显彻
明桥大二
伊藤健太郎

《人，为什么活着》翻译组

人民东方出版传媒
People's Oriental Publishing & Media
東方出版社
The Oriental Press

图书在版编目(CIP)数据

人，为什么活着 / (日) 高森显彻, (日) 明桥大二, (日) 伊藤健太郎著；《人，为什么活着》翻译组译. --北京：东方出版社, 2014.11
ISBN 978-7-5060-7888-7

Ⅰ.①人… Ⅱ.①高… ②明… ③伊… ④人… Ⅲ.①人生哲学—通俗读物 Ⅳ.①B821-49

中国版本图书馆CIP数据核字(2014)第289655号

人，为什么活着
（REN, WEISHENME HUOZHE）

作　　者：［日］高森显彻　明桥大二　伊藤健太郎
责任编辑：姬　利　郭方欣然
策　　划：吴常春
出　　版：东方出版社
发　　行：人民东方出版传媒有限公司
地　　址：北京市西城区北三环中路6号
邮政编码：100120
印　　刷：北京市大兴县新魏印刷厂
版　　次：2015年4月第1版
印　　次：2021年6月第2次印刷
印　　数：6001-11000册
开　　本：880毫米×1230毫米　1/32
印　　张：8.75
字　　数：150千字
书　　号：ISBN 978-7-5060-7888-7
定　　价：48.00元
发行电话：（010）　85924663　85924644　85924641

序

我列出一张单子

左边写着活下去的理由

右边写着离开世界的理由

我在右边写了很多很多

却发现左边基本上没有什么可以写的

……

是的

比起任何一个还要忍受饥饿、干渴、瘟疫的同龄人

我真的觉得自己很幸福，但这是相对的

二十年回忆中真正感到幸福的时刻屈指可数

……

如果人死的时候可以许一个一定会实现的愿望

我也许会许下

让所有人更加快乐吧

这是一名北京大学女学生跳楼自杀前写下的遗书。正是青春飞扬的年纪，身处名牌大学校园，她却为何感受不到人

生的“快乐”和“幸福”，甚至找不到“活下去的理由”……

北京心理危机研究与干预中心发布的数据显示：中国每年约有28万人死于自杀，而在15岁至34岁这个年龄段，自杀处于死亡原因的第一位。自杀人群的增加正成为一个日益严重的社会问题。

现代人享受着几百年前无法想象的丰富的物质生活。随着科学的发展，人类增强了改善生活环境的能力，平均寿命也得以延长。然而，人们因此变得更加幸福了吗？事实上，现代社会为恐怖主义、杀人、自杀等诸多问题所困扰，迟迟找不到解决这些问题的根本方案。

科学的进步固然使生活变得更加便利，却并没有给我们带来真正持久的幸福和发自内心的满足。相反，现代生活往往只是加深了人精神上的孤独、寂寞和空虚。

身体健康，生活富裕，为什么心灵却得不到满足呢？

2500多年前，印度的乔答摩·悉达多（释迦牟尼佛）也是怀着同样的疑问，开始探究人苦恼的根源及获得幸福的真实之路。

悉达多生为太子，自幼才华出众，文武双全。长大后又娶了全国第一美女为妻，生活安定而富足。但是他并未因此感到快乐和幸福，反而终日闷闷不乐。因为他清楚地知道，尽管此刻自己的确拥有健康、财产、地位、名誉、家庭、才华……然而终有一天，这一切都将会失去。这世界上的任何幸福，都无法战胜衰老、疾病和死亡。

知晓了人生的这个“实相”，悉达多再也无法感受到任何的安心和满足。为了追求真正的幸福，他在29岁的时候悄悄离开都城去山中修行。6年之后，他终于彻悟了所有人痛苦的根源以及获得永恒幸福的真实道路，成为佛陀。

释迦牟尼佛的答案是超越时代的真理。无论什么时代的人，都会遭遇自己或者亲人突患急病的悲剧，即使拥有热衷的事业或爱好，也会由于年老力衰而无法继续下去。面对死亡的时候，更是不得不和所爱的一切分离。人生究竟有没有永远不会背叛自己、值得一生追求而无怨无悔的幸福呢？

释迦牟尼佛明确指出了什么是永恒的幸福，并终其一生教导我们——唯有这永远不会崩溃的幸福才是人生的目的，无论多么痛苦，直到达成这个目的为止都要顽强地活下去。将这一教义之精髓在日本发扬光大的，正是开创了净土真宗的亲鸾圣人[1]。

然而今天，又有多少人明了这人生的目的呢？人们仍然在深沉的黑暗中摸索，不明白生命的意义，不知道人生有必须完成的目的。人们苦苦追寻“活着的意义”、“再苦也要活下去的理由”，却由于找不到答案而陷入深深的困惑与焦虑之中。战争、杀人、自杀、暴力、虐待等一切悲剧，追根究底，不正是源于这种困惑与焦虑吗？所有问题的根源都在于不懂得“生命的尊严”、“人生的目的”，如果这个得不到明确的回答，恐怕任何对策都是徒劳无益的。

[1] 亲鸾圣人（1173—1263）：日本镰仓时代人。幼年时父母早逝，9岁即出家。先于比睿山修习天台宗，后于29岁时拜访净土宗的祖师法然上人，随即入法然门下。31岁时为弘扬真实佛法，公然吃荤娶妻，因此备受责难。其生平详见第II部开头的“亲鸾圣人简介”。——译者注

“人生到底有没有目的?”

“人活着的意义是什么?”

一片沉寂之中，唯有亲鸾圣人如此明确地揭示出了人生的目的，并劝导我们一定要实现这个目的。

“人生有目的，有一个万人皆同的目的。那就是斩断苦恼的根源，获得‘生而为人真好’的生命喜悦，活在未来永恒的幸福里。为此，无论遭遇多大的痛苦，都要顽强地活下去，直至达成这个目的。”

这就是亲鸾圣人90年生涯中始终一贯的思想。它恰似一束亮光，照亮了茫茫黑暗中的人类世界。

作为一名亲鸾学子，笔者将在此书中通过亲鸾圣人的教导阐明人生目的的真实存在。

在第Ⅰ部中，将通过列举一些文学家、思想家的话语，揭示人生的实态。

第Ⅱ部将通过大量引用亲鸾圣人的语录，阐述亘古不变的所有人共同的人生目的。由于文中多处出现古文原文，恐晦涩难懂，所以逐一用现代文加以解释。

衷心希望得到读者的指正。

2015年1月

目录

第Ⅰ部

人，为什么活着？

第 1 章

世间最不可理解的事情

幸福如此轻易地崩溃

“你给我滚出去!”

母亲从楼上跑下来，一边捶打父亲一边叫喊着。她的声音至今还回荡在我的耳际。我战战兢兢地呆立在一旁。父亲默默地从我面前走过，再也没有回来。

那时，我还在上小学。几个月以后，我知道了“离婚”这个词，这才明白发生了什么事。没有任何预兆，幸福的生活就这样轻易地崩溃了。

不管看上去多么牢固的幸福，最终都有破灭的一天。世事难料，谁也不知道何时会发生何事，如此变幻无常的人生，究竟有什么意义呢?

人，为什么活着?

当美好的生活毁于一旦，人们在现实面前惊愕万分的时候，就迫切地想要知道这个问题的答案。

那些讲述拒绝向不幸的命运低头、坚强面对生活的励志书籍相继登上畅销书排行榜。书中呼吁:

“把每一天都看做是一种锻炼，坚持下去，就一定会得到幸福。”

“绝不能灰心气馁!”

“人要有目标，不论什么样的目标都可以，只要沿着自己选择的路走下去。”

似乎大家都期待着一种鼓励：不要怕慢，只要一步一步往前走……

然而，朝什么方向走?终点在哪里?这些问题的答案都弄清楚了吗?

任何行为都有目的

任何行为都有目的。例如乘坐出租车，不管多么沉默寡言的人，他都必须先告诉司机要去哪里。因为如果司机不知道目的地，就不知道该往哪里开。如果任由司机随便开，只会是浪费时间和金钱。

如果有人问:“为什么要学习?”你大概会回答“因为明天要考试”、“因为要考取资格证书”等等。如果有人问:“去哪里?”你大概会说“去买东西”、“去散步，换换心情”等等，人的行为都有其目的。

那么，如果问你“为什么活着?”又该如何回答呢?

活着不是一件容易的事。刚刚突破了升学难关，又要面临就业困难，在裁员的压力下辛苦地工作一生，最终还要与疾病和衰老抗争……除此之外，还会遇到人际关系的烦恼，或者遭受事故、灾害、公司倒闭等种种不测变故。

为什么要克服诸多困难坚持活下去?如果不把这个最重要的问题——“人生的目的”明确地揭示出来，而只是一味呼喊“要努力活下去”、“不能死”，那就如同督促人们在没有终点的圆形跑道上不停地奔跑一样。

没有终点的圆形跑道

《伊索寓言》中有一篇故事叫《蚂蚁和蟋蟀》，说的是蚂蚁夏天辛勤地工作，到了冬天，就可以高高兴兴地游玩。然而，人却无法这样。不论是夏天还是冬天，我们都不得不辛苦地工作。

对此，有人鼓励说：“只要坚持活下去，总有一天会得到幸福的。”然而，实际的感觉却是“没有变化的生活日复一日”。

寒来暑往，每天每天都在同一条路线上上班下班。映入眼帘的风景，即使随着季节的变换有着些微的差异，一年过后，还会开始再一次的轮回。不论是坐地铁还是搭公车，来来往往的行人中，有不少面孔都感到似曾相识。可知，不管是自己还是他人，都在周而复始地重复着大同小异的每一天。

没有“活着真好”的满足感，只是每天重复着“吃饭、工作、睡觉”的三部曲——这样的人生，就像在没有终点的圆形跑道上奔跑一样，既没有接近终点的喜悦，也没有到达终点的激动，脚下又怎会产生力量？只有明确了目的地，才能精神饱满地跑完全程。人生道路也是如此。

明确了人生目的，一切就都有了意义

如果明确了人生目的，一切行为就都有了意义。无论是学习、工作、锻炼身体……都会全力以赴，并从内心感受到生活的充实。即使因为疾病而痛苦，即使因为人际关系问题而沮丧，即使因为竞争失败而苦恼，也会产生活下去的动力：为了达到人生目的，一定要克服这些困难！

尼采[1]在《道德的谱系》中说，如果明确了人生目的，“人就会渴望苦恼，甚至会主动地寻求痛苦[2]”。只要方向正确，跑得越快，就能越早到达目的地，所以为此付出任何代价都不会是徒劳无益的。如果是为了实现人生目的，无论花去多少时间、体力、金钱，都将百分之百地发挥作用，不会白白浪费掉。

人生总是不停地经历痛苦，但是对于知道为什么活着的人来说，所有的辛苦必将得到回报。有人说人生美好，也有人说人生空虚，这种差异究竟源于何处？归根结底，就在于

[1] 尼采（1844—1900）：德国哲学家，对后代哲学的发展有极大影响。——译者注

[2] 译自日文版《道德的谱系》（信太正三译）——译者注

是否明确了真正的人生目的。

人类活动的大前提：活着=好事

为营救一个遇难者，人们有时甚至出动一支救援队。这是因为人的生命重于一切。事实上，如果否定了“活着本身是好事”这个大前提，那么无论是以延缓生命为目的的医学，还是政治、经济、科学、伦理、法律、艺术等，人类的一切活动都会失去意义。因为它们追求的目标都是“怎样才能让人们活得更长久、更舒适”。

解决失业、养老等社会问题，使人们能够安心生活，这是政治、经济的功能。科技的发展则使生活变得更加轻松方便——以前洗衣服都使用搓衣板，弯腰搓洗，使劲拧干，简直就是一种重体力劳动；如今只要按一下洗衣机的开关。伦理和法律消除人际关系中的摩擦纠纷，使大家能够友好相处；而艺术和体育则是使每天忙于工作、身心疲惫的人们变得精力充沛的活力剂。

这一切的努力，其实都是为了探索“怎样才能快乐地度过痛苦的人生”。就连那些所谓对人类发展做出的贡献，其实也并没有超出“怎样活着”这个范畴。

顽强地与病魔斗争是为了得到幸福

在医疗领域，医护人员每天都在为延缓生命而努力奋斗。

日本进行首例脑死亡移植手术时，三所大学的医生集中会诊，使用直升机和飞机空运冰镇的人体器官。尤其是心脏，必须在四小时之内移植进体内，完全是争分夺秒的战斗。从断定脑死亡到手术后的护理，据说费用高达100万元左右。

然而，有生必有死。如此努力延缓必将消逝的生命，又是为了什么呢?

一个男性患者接受了心脏移植手术。记者在采访中问他“今后想做些什么”，他的回答是:“想喝着啤酒，看棒球比赛。”还有一位患者，在许多人善意的资助下，到美国进行移植手术。手术很成功，但是他回国后却游手好闲，整天沉迷于赌博。这让大家非常失望，有的捐助者甚至愤怒地说:“捐钱给这种人，简直就像傻瓜!”

生命得以延缓原本是一件好事，为什么却感到心中无法释然，这不正是因为延缓生命的目的模糊不清的缘故吗? 人们往往只是关心器官提供者是否自愿、如何保护隐私、何为判断脑死亡的标准等这些次要问题，对移植器官也要活下去的目的——“人为什么活着”这个最根本的问题却似乎漠不关心。

顽强地与病魔进行斗争，忍受种种痛苦活下去，其目的不是为了活着本身，而是为了获得幸福。“要不是那次治疗使自己活下来，就不会有今天的幸福。”只有感受到这种生命的喜悦，医学才能体现出真正的价值。

人们只是一味地高喊“好好活着”、“努力活下去”这些口号，却谁也不去思考、研究、谈论“再痛苦也要坚持活下去”的理由。

人世间还有比这更难以理解的事情吗?

第2章

人的生命重于一切

存在的空虚

“人生太美好了!”能够发出这样的感叹，觉得生活充实，对未来满怀信心的人究竟有多少呢？高新科技迅速发展，精神生活却日趋贫乏的20世纪被称为“不安的世纪”。虽然现代人物质生活极其丰富，表面上没有什么不足之处，但内心却感受不到真正的满足。一种茫然的不安和空虚正在蔓延。

“唉，真没劲……”你不曾发出过这样的叹息吗？

日子还算快乐与充实，但又总觉得一种空虚无聊萦绕在心头。就这样日复一日，年复一年。

……

如果你是公司职员，当一天的工作结束，拖着疲惫的身体挤在电车里，不由得叹一口气的时候；如果你是家庭主妇，在家务劳动和养育孩子的忙碌中歇一口气的时候，本来应该觉得日子过得繁忙而充实，却不知道为什么，时而有种空虚的感觉突然袭上心头。于是你会情不自禁地发出这样的感慨：

“这就是我的人生吗？”

“难道就是这样一直到死吗？”

“一天又一天，同样的日子周而复始，到底有什么意义呢？”

诸富祥彦《“空虚”的心理学》

被誉为20世纪最著名的精神科医生弗兰克[1]指出：现代人一旦从繁忙中解放出来、能够做自己想做的事情时，往往会一下子感到人生空虚，毫无意义。退休者无所事事，大学生一到周末就酗酒，很多人每天晚上坐在电视机前发呆。

弗兰克进一步指出：许多现代人之所以感觉空虚，是因为不知道自己为什么活着。他将这种状态称为“存在的空虚”。这种“存在的空虚”时常成为自杀的原因。而现代社会日益蔓延的忧郁症、依赖症等疾病，也是只有认识到这种“存在的空虚”，才能够对其有真正的理解。

有人尖锐地指出，感觉不到人生意义和自我价值的人与日俱增，这正是导致各种社会问题和暴力事件频发的原因。

[1] 弗兰克（1905—1997）：奥地利精神科医生、哲学家。——译者注

轻视人命的社会病

轻视人命的恶性事件接连发生。日本爱知县的一个高三学生残忍地杀死一名65岁的家庭妇女，对其连刺四十多刀。第二天他去自首，说他的动机只是为了想体验一下杀人的感觉，毫无反省之意。在美国，校园枪击事件不断发生。据2000年统计数字表明，每天成为这种枪击事件牺牲品的未成年人竟达14人。

2004年，中国发生了一起震惊全国的杀人案。从云南省某大学学生宿舍的衣柜里发现了四具大学生的遗体，而凶手则是这些遇害者的同班同学。经查，犯罪的起因竟是打扑克时发生的一场争执。如此小事为什么会导致凶手有预谋地杀害亲密的同学呢？各界专家都在分析其中原因。但直到最后行凶者被执行了死刑，其真实原因依然不明。

据说，行凶者曾这样对他的姐姐吐露心声："现在我对你讲一次真心话，我这个人最大的问题就是出在我不知道人生的意义到底是为了什么？100年后，早死迟死都是一样的[1]。"在拘留所里，记者问他："你对生命有过敬畏感吗？"他回答说："没有。没有特别感受。我对自己都不重视，所以对他人的生命也不重视[2]。"

不知道自己生命的可贵，也就不会尊重别人的生命。"死了也不在乎"的无知，往往会转化为"杀人也无所谓"的

[1] 引自2004年4月14日《中国青年报》。——译者注

[2] 引自2004年6月18日《中国青年报》。——译者注

谬论。

即使反复强调“人的生命重于一切”，试图以此唤醒他们对生命的重视，也是无济于事的吧。因为只要对方反问一句“为什么重于一切?”恐怕谁都难以回答，就连哲学家们也无言以对。

美国加利福尼亚大学教授菲利帕·福特在《道德的相对主义》一文中说，在他所知道的哲学家中，没有一位能够阐明“生命为何宝贵”这个道理。可见，即使读上几百本哲学书籍，也无法找到这个问题的答案。

自杀人数日益增加

长期以来，日本一直保持着国民平均寿命世界第一的地位。但是，日本每年的自杀人数却超过三万，是交通事故死亡人数的六倍，自杀率在发达国家中居于首位。1998年自杀人数的急剧增加甚至造成了男性平均寿命的下降，成为一种社会异常状态。当然，这还不能轻率地归咎于长期经济萧条。法国社会学家涂尔干[1]通过对各种统计数据的分析，认为越是有钱人自杀率越高，这说明越是经济富裕的人，其精神上的痛苦就越严重。

美国著名的心理学家奇克森特·米哈伊认为，如果不知道人生目的，无论生活多么奢华享受，也不会获得内心的充实感。自杀的根本原因也在于不知道“人生目的之重要”、

[1] 涂尔干（1858—1917）：法国社会学家、人类学家，社会学的奠基人之一。——译者

"生命的尊严"。如果对人生的根本意义一无所知，选择死亡也就不足为奇了。

一张中了500万元奖金的彩票被当做宝贝，是因为它具有大多数人工作一辈子也无法获得的价值。而那些没有中奖的彩票，会被毫不犹豫地扔进垃圾箱。如同破碎的杯子、修不好的电脑一样，没有价值的东西会被扔掉。

如果知道人的生命重于一切，就不会像扔掉没有中奖的彩票那样，抛弃自己的生命，或者视他人的生命为蝼蚁而加以残害。

近年来，未成年人的自杀与杀人事件不断增加，引起了社会的广泛关注。究其原因，家庭问题、教育失败、法制的不健全、社会的弊病……众说纷纭。但是，如果不去追问"不论多么痛苦都要活下去的理由是什么"，完全撇开"人生目的"这个至关重要的问题，即使争论得再激烈，也不会找到有效的解决方案。

"因为人生有一个必须达成的目的，所以不论多么艰难，都要坚强地活下去。"只有明确知道了这个人生的目的，才能真正理解生命的尊严。

渴望人生目的的心灵会饥不择食

1995年，东京发生了日本现代史上最严重的恐怖主义事件。奥姆真理教[1]的五个成员在东京地下铁的列车上散布沙林

[1] **奥姆真理教**：日本邪教组织，由麻原彰晃创立于1987年。——译者注

毒气（一种致命的神经性毒气），致使12人死亡，5000多人受伤。这次事件造成了巨大的社会混乱，时至今日仍然令人不寒而栗。

后来，一个年轻信徒这样叙述他入教的原因："对于自我存在的意义，只有麻原教主毫不敷衍，从正面给了我回答。"

迫切渴求人生目的的心灵甚至会饥不择食，饮鸩止渴。

沙林事件的五个罪犯中，甚至还有包括笔者母校在内的日本一流大学的优秀毕业生。

对于本校毕业生滥杀无辜的事件，这些最高学府的教授们，究竟会感觉到什么责任呢？当时还是学生的笔者曾在课堂上竖起耳朵想听一听他们的意见，然而，每一位老师都继续着与平日毫无二致的授课。只有一位老师轻描淡写地说了一句："为什么要跟着那样一个看上去脏兮兮的教主啊？"我不禁大失所望，如此拙劣至极的评论，难道就是今天的知识分子的真实水平吗？我似乎明白了为什么不论科学如何进步，都不能阻止迷信和邪教蔓延的一个原因。

人们什么时候才能真正明白生命的宝贵呢？

第3章 “忍耐着活下去”是人生目的吗？

“为活着而活着”——不知所云的回答

有人说“人是为了活着而活着，活着本身就是人生的目的”。下面来分析一下这个说法。如果把这句话理解为“忍耐着活下去就是一切”，大概会得到不少人的共鸣：

“对啊，无论什么事情都要忍耐，最重要的是要活着。”

“人生只有一次，活着本身就有价值。”

就连那些怀疑人生是否有意义而情绪低落的人，听到“活着，仅仅是活着本身就让人生有了意义”，也许都会得到一些慰藉。

然而，对于那些在痛苦中挣扎，不知道为什么这么痛苦还要活下去的人来说，这句话却只能使他们大失所望。因为这并不能成为一种回答。为什么这么说呢？

这就像是问别人:“为什么要跑步?”如果回答“为了锻炼身体”，谁都能听得明白，但如果回答说“为跑步而跑步”就不知所云了。再如问道:“为什么要上补习班?”如果回答“为了能考上大学”，大家也都会明白。但如果回答“为上补习班而上补习班”，只能使人感到莫名其妙。

同样，对于“为什么活着”这个问题，如果回答“为活着而活着”，那只是在毫无意义地重复同样的词句，不能成为一种回答。

如果没有生命的喜悦和满足

我们从昨天来到今天，从今天走向明天。光阴似箭，人生可谓是在急速飞逝。从小学到高中，为了升学拼命地读书;上了大学以后，拼命地玩乐;就业以后，拼命地工作。从被抛进人生的汪洋大海那一刻起，就被迫在惊涛骇浪中不停地游泳。从这个意义上来说，活着就如同在游泳。

坚持主张“为活着而活着”的人，其实就相当于在主张“为游泳而游泳”，其悲惨命运是显而易见的。就像水面上飘忽不定的浮萍一样，没有任何目的，只是随波逐流，很快就会腐烂。

这与“为飞行而飞行”的飞机将面临的下场一模一样。如果把“为活着而活着”的人生比喻为空中飞行，结果会是什么样的呢?

设定合适的速度和高度、根据风向以及气压状况变更航线、发动机发生故障时进行紧急处理……这些都是对飞行方式的选择，属于“怎样飞行”的范畴。而在作出上述决定之前，必须明确的是目的地，就是“飞往何处”。没有一个飞行员会在不知道目的地的情况下起飞吧。因为“为飞行而飞行”的飞机，最终只会是坠毁的悲剧。

同样，如果没有能够使我们感受到生命的喜悦和满足的“人生目的”，这一生也只能是越活越痛苦吧！

第 4 章

兴趣爱好是人生目的吗？

痛苦的新鲜期叫做“快乐”

现在，想去探索人生中“真正应为之事”的人寥寥无几，人类精神正濒临危机。科学文明所破坏的似乎不仅仅是自然环境。

追求一时快感的人不断增加，“依赖症”已经成为街谈巷议的词语。“道理全都明白，就是不能罢手”，不狂热地迷上一样东西，总觉得心神不定、坐立不安。例如手机依赖症、游戏机依赖症、到处逛商店不断购物的购物依赖症，等等。总要做点什么事，心情才能平静下来，否则就会心绪不宁。这种心态可以说是人生痛苦实态的反映。

网络依赖症在全世界据说有一千多万名患者，在中国也日渐成为严重的社会问题。据2006年《中国青少年网瘾报告》

统计，上网的青少年中，有10%～15%已经网络中毒。为了得到上网吧的钱，一个17岁的少年甚至杀死了自己的祖母。

药物依赖症患者也未见减少。由于口服型兴奋剂的出现，有的小学生甚至也开始吸毒。在幻觉驱使下，吸毒者的恶性犯罪不断增加。另外，由于孤独而与多个异性发生肉体关系的人也在增加，性成为他们排解深度空虚的一种手段。

大概有人这样认为：及时行乐就是人们在各个不同时期的人生目的。至于“这样的生活有何意义”之类复杂的问题，最好置之脑后，这样才能活得潇洒痛快。

然而，这种主张真的切实可行吗？让我们来看看各种“快乐”的实质。

首先是“满足欲望的喜悦”。人有各种各样的欲望，例如想吃美味的食物，想穿时尚的衣服，想有车、有恋人，等等，不胜枚举。欲望得到满足，不满和痛苦就会消除。在这个过程中感觉到的“心情舒畅”，其实就是欲望得到满足的幸福感。

口渴的时候喝一口冰凉的可乐，会感觉爽快。但是，这种快乐极其短暂。随着口渴的感觉逐渐得到消除，爽快感也就逐渐减少。只有在口渴的感觉减少的过程中，才会觉得可乐爽快。如果口渴的感觉完全消失以后还继续喝，反而会产生痛苦的感觉。这与挠痒的快感很快就变成疼痛的道理是一样的。

欲望得到满足以后，痛苦就会随之而来。这种普遍存在的现象被称为“边际效用递减规律”。和恋人约会的喜悦也好，对兴趣爱好的痴迷也好，随着次数的增加，起初的那种激动和兴奋就会逐渐减少。欲望得到满足的“心情舒畅”是一种强烈的幸福感，却注定无法逃脱转瞬即逝的命运。

这就是把痛苦的新鲜期称为“快乐”，把过期的快乐称为“痛苦”的原因。

逃避的瞬间

如果有人问:“你什么时候感觉最快乐?”大概不少人会回答说，沉浸在自己的兴趣爱好里的时候最快乐。例如，挑战游泳比赛纪录，国际象棋比赛时观察对手的动静，小心翼翼地进行攀岩运动，等等。在这些情况下，人都是在聚精会神地思考如何克服困难，如何战胜对手这样的“眼前目标”，丝毫不会受到诸如“他对我说的话真过分”、“受到了顶头上司的责备”、“今天不得不和自己讨厌的人见面”之类令人心烦的情绪的影响。许多人认为把烦心事置之脑后，忘得一干二净，就是最大的幸福。因此，才会有“无知即福”这个谚语吧。

然而，兴趣爱好、生活情趣所带来的喜悦在本质上与满足欲望的快感一样，都很短暂。所以当短暂的快乐过去之后，马上又回到讨厌的作业、未完成的工作、做不完的家务事等令人厌烦的现实生活中来。著名的网球运动员一旦离开球场，就变得脾气古怪、难以交往；把绘画作为人生快乐的毕加索[1]

[1] 毕加索（1881—1973）：西班牙画家、雕塑家。20世纪现代艺术的主要代表人物之一。——译者注

一旦放下画笔，就心情沮丧，大概都是这个原因吧。

罗素[1]在《幸福论》中写道:“兴趣爱好在许多情况下，也许是绝大多数的情况下，都不是幸福之本源，而是对现实的逃避。”也许正如他所说，我们在兴趣爱好中感受到的快乐，其实不过是一种时间的消磨，可以借此暂时忘记现实的痛苦而已。这与醉酒后把欠人一屁股债的事忘到九霄云外没什么两样。

尽管如此，也许还会有人说:“一想到什么人生的意义，就觉得前途一片黑暗。与其这样，倒不如埋头在自己喜欢的事情里，哪怕只能得到短暂的快乐，也足够了。”

如果把兴趣爱好、生活情趣比喻为酒，那就等于说“酒是好东西。没有酒，哪有人生?不喝酒的人简直就是傻瓜”。但是，也会有人嘲笑说:“人生如此美好，又何必需要烟酒?”如果人生充实而美好，就没有必要用各种方法掩饰、打发内心的痛苦和寂寞。

“人生多么美好!”只要实现了人生目的，生活的每一个瞬间都会比满天的繁星更加光彩四射。

追求的过程就是快乐吗?

专心致志地研究学问、从事体育运动的时候，研究和运动本身就是快乐的。“即使研究的成果没有得到认可、体育比赛没有获胜，也不必在意。因为结果如何是次要的问题，

[1] 罗素（1872—1970）：英国数学家、哲学家、逻辑学家，也是活跃的政治活动家。——译者注

重要的是探索真理、挑战记录，追求的过程就是快乐，就是人生。”说这种话的人不足为怪。

他们也许是在“终生求道、至死不渝”的人生中看到无与伦比的进取心，从而产生深深的向往。尤其在这个冷漠的时代，很多人都在叹息：“唉！做什么都觉得没劲儿！”“是啊，再怎么努力也只是身心疲惫。”与之相比，“终生求道”的人生更会令人向往。

但是，即使有了一个认为“这就是自己的人生意义”而乐此不疲的事业，也很难说就能一直持续下去。

1992年，在巴塞罗那的奥林匹克运动会上，当时还是初中二年级学生的岩崎恭子获得蛙泳金牌，从而一夜成名，赢得了日本全国的赞誉。她很坦率地表达自己的喜悦心情：“这是我人生中最幸福的时刻。”对她来说，人生最大的喜悦在14岁的时候就突然降临了。

人们自然而然地期望她再次夺冠，这给她造成了很大的压力。但是由于参加中考，她无法进行训练，比赛成绩一直不理想，为此曾几次想退出泳坛。她这样诉说自己的想法：

> 在为能否参加亚特兰大奥运会而苦恼的时候，我总是想，在巴塞罗那要是不说“这是我人生中最幸福的时刻”就好了。我甚至都不想要金牌。
>
> 1999年6月10日《女性周刊》

“这是我人生中最幸福的时刻”变成了“我甚至都不想

要金牌”。

后来，她还是参加了亚特兰大奥运会，结果名列第十。从此她对体育比赛完全失去兴趣，毫不犹豫地退役了。

游泳界的超级明星伊恩·索普在2006年11月突然表示要退出泳坛，令众人大吃一惊。他曾两次参加奥运会，获得过五枚金牌。但是，他已经无法再像以前那样从游泳中感到满足。在接受记者采访时，他说了如下一段话，便离开了竞技世界。

“这引出了另一个问题：如果没有游泳，我的生活会怎么样？……破世界纪录已不再是我的目标，虽然我知道怎么做到，但那种兴奋的感觉已经不复存在。[1]”

在学术研究领域里埋头苦干的人们中，只有少数人才能名垂史册。然而，就连忘我地致力于进化论研究的达尔文[2]也从来没有得到过幸福感。他抱怨说：“自己好像变成了一台把事实的大山磨碎，从中榨出普遍规律的机器。[3]”

可见，埋头于热衷的事业时所感受到的满足，也无法逃脱逐渐衰退的命运。

“只要走自己喜欢的路，就不需要目的地。因为行走本身就是快乐。”持这种主张的人到底忽视了什么呢？正如涂尔干在《自杀论》中所阐述的那样：“只有在盲目得察觉不到无目的行走是如何空虚的时候，才能体会到行走本身的

[1] 引自2006年11月22日《重庆晚报》。——译者注

[2] 达尔文（1809—1882）：英国生物学家，进化论的奠基人。——译者注

[3] 译自《人类的亲密历史》（希欧多尔·泽丁著）。——译者注

快乐。[1]”

帕斯卡尔[2]说过：明日复明日，生命从时间的台阶上滑落下去，“最后一幕被鲜血污染[3]”。无论多么美丽的人生都无一例外。

冷静地凝视过去和未来，还会有人说“追求至死”的过程本身就是幸福吗？

[1] 译自日文版《自杀论》（宫岛乔译）。——译者注

[2] **帕斯卡尔**（1623—1662）：法国哲学家、数学家、物理学家。——译者注

[3] 译自日文版《思想录》（帕斯卡尔著，前田阳一、由木康译）。——译者注

第5章 工作就是人生目的吗?

成功者的苦恼

经常听到有人说：从事能给自己带来快乐的工作就是人生目的。但是，对自己的工作感到满意的人究竟有多少呢?即使在事业上能够充分发挥聪明才智的成功者，实际上也未必一切尽如人意。

宇多田光[1]登上歌坛以后，她的唱片销售量接连突破百万。第一张专辑销售量达到800万张，创下了世界纪录。她学习成绩优秀，自己创作的词曲又获得了社会最高的评价，应该说是一帆风顺。然而，她成为明星以后，却失去了外出散步、与朋友交往等自由，为此她甚至说想放弃音乐了。

[1] 宇多田光（1983—）：日本著名歌手。15岁时演唱自己作词作曲的歌曲，登上歌坛。——译者注

> 我想创作音乐，表现音乐。在音乐创作中我获得了自由，却因此失去了外出散步、与朋友一起吃饭的自由。不能一切都尽如人意啊。……我想自由自在地出去散步，如果连这个都做不到，我甚至觉得音乐令人讨厌。
>
> 2000年1月号《文艺春秋》

她不由地叹息:“不能一切都尽如人意。”即使在自己喜欢的事业道路上获得辉煌的成功，痛苦也只是变换了一种形式而已，犹如把左肩的重负转移到右肩上。宇多田光说自己还有在音乐创作中获得自由的一面，而作家村上春树[1]则坦言，创作既没有给自己带来快乐，也没有带来精神上的解脱。

> 我写这种小品文发表，并非为了自己的愉快。……至少现在，我从写文章中没有感觉到丝毫的精神上的解脱。
>
> ……
>
> 人们只是因为不得不写才写。写作本身既没有作用，也没有伴随而来的获救感。
>
> 村上春树《旋转木马鏖战记》

不论多么喜欢而且得心应手的事情，一旦成为工作，就变成一种痛苦。即使是那些拥有一份好工作、被羡慕的眼光所包围的人，其实内心也有着外人所不知道的苦恼吧。

[1] 村上春树（1949—）：日本小说家、美国文学翻译家。——译者注

“出售”生命

《推销员之死》是玛丽莲·梦露最后一任丈夫阿瑟·米勒[1]创作的剧本，其对现代社会的尖锐揭示简直使人不能相信这是60年前的作品。该剧主人公推销员威利拼命工作，才能勉强支付住房贷款、维持日常用度，生活维艰。然而岁月不饶人，他的业绩逐渐下降，工资也随之减少。有一天他对妻子说道：“想起来，一辈子拼命工作，好不容易付清了购房款，当房子成为自己的财产时，却没人居住了。”

威利没日没夜地辛苦卖命，在身心交瘁中结束了他充满苦难的一生。虽然用保险金偿还了所有的债务，但他却永远离开了人世。剧中没有说明威利推销的是什么产品，因为他出售的是“生命”。

所谓“生命”，就是给予每个人的“时间”吧。今天日本人的平均寿命为80岁，也就是说，在出生的时候就接受了80年的生命时光。如何使用这笔财产呢？如果学生为了旅行的费用而去打工，那么他打多少工就是“消耗”了多少生命。可以说，我们是在通过一点点地“出售”自己的生命，来换取想要的东西。

威利拼死拼活地工作，却被解雇，连保险费都无法支付。他被公司、儿子、妻子抛弃，最后孤独地死去。真是赤条条来到人间，赤条条离开人世。他没有感受到“活着真好”这样的生命喜悦。

[1] 阿瑟·米勒（1915—2005）：美国剧作家。《推销员之死》是其最有影响的代表作。——译者注

不工作就没有饭吃，没有饭吃就会饿死。但是，有饭吃也会死去。如果不知道“人活着，应该做什么”，工作也就失去了意义。

事实上，有的人虽然正处在平步青云的顺境中，却因为不知道工作的意义而想辞职。这样的人似乎日渐增加。

> 有件事给我留下了深刻的印象：他毕业于日本一所屈指可数的一流大学，一次同年级的校友聚会，大家的年龄都30刚刚出头。而这些在令人羡慕的大公司里工作的人却异口同声地说：“要是可能的话，真想辞职。”
>
> ……
>
> 我想起最近买了房子的一位朋友的话：“说实在的，在合同上签字的时候，我一下子感到一种空虚。偿还贷款需要30年。在这30年里，我必须在现在的公司里一直做着毫无意思的工作。我甚至都觉得，今后的人生难道只是为了偿还贷款的人生吗？”
>
> 日本企业员工的生活本来就很艰辛，身心疲惫健康受损，连日加班无法顾家，再加上长期的经济萧条，许多企业员工越发不能从自己的工作中看到意义和希望。
>
> 诸富祥彦《“空虚”的心理学》

黯然沮丧地认为“今后的人生就是只为偿还贷款的人生”，这肯定是因为他们不知道人生的目的。只要具有鲜明的人生目的，就会明白工作的意义，从而干劲十足。催生工作欲望的最大营养剂就是“人生目的”。

不论怎么工作，也得不到回报

过去，被称为“企业战士”的那些人之所以把工作视为生命，尽情燃烧，主要是因为只要对公司尽心尽力，职位和工资就会随之提高。他们觉得努力工作就有回报，就会受到家庭的尊重，所以即使辛苦，也能忍受。因为苦得有意义。

但是，由于终身雇佣制和论资排辈的取消，勤劳工作未必就能获得回报，企业开始了优胜劣汰、业绩至上的激烈竞争。自己人生的二三十年都奉献给了公司，却在正是需要支付孩子的教育费用、偿还购房贷款、增加医疗费用的关键时刻，突然遭到解雇，这样的悲剧接连不断地发生。

能够感受到工作幸福，大概只是在顺利的时候吧。对于把工作当成一切的人来说，一旦工作陷入困境，也就失去了人生的意义。“要是没了职位，还能剩下什么呢?”“今后该把什么当做活下去的目的呢?”他们不知该如何度过剩下的人生。

在生命已近黄昏的时候，才意识到没有任何精神支柱，不是为时已晚了吗?

人生最悲惨的时刻

在2002年放映的电影《关于施密特》中，主人公施密特退休后不久，妻子就去世了。他回顾人生，这样说道：

“我知道，我们都不过是社会这个庞大机构中微不足道的存在。能够期待的，最多只是给社会留下一些影响。然而，我留下了什么影响呢？我又作出了什么贡献呢？……我很软弱，又很无能，这些都无法改变。我可能会早些死去吧。也许是20年后，也许就是在明天。不过这已经无所谓了。我死去以后，等知道我的那些人也都死去，那无异于我根本就没有存在过。我的人生给别人带来过什么影响吗？我想不起来，什么也没有。”

几十年的工作和婚姻生活，施密特习惯了繁忙和妻子的照顾。但当这一切突然失去时，他感到彻骨的孤独与无力，就像是被强盗洗劫一空以后，孤立旷野。人在年轻力壮的时候，为了生活耗尽心力，到年老时，才会发现自己一无所有。最终，什么也没有得到，什么也没有留住，什么也没能改变。和施密特一样，很多人都是在退休以后才惊愕地发现，自己的人生其实毫无意义。

但丁[1]在《神曲》的开头这样写道：“我走过人生的一半旅程，却迷失了正确的道路，彷徨于黑暗的森林[2]。”任何人都会有厌倦世间的谎言，感觉一切都没有意义的时候。意识到自己的生涯徒劳无益、惊愕于各种罪孽堆积如山，这才是人生最悲惨的时刻。

[1] 但丁（1265—1321）：意大利诗人，文艺复兴时代的开拓者，以长诗《神曲》留名后世。——译者注

[2] 译自日文版《神曲》（寿岳文章译）。——译者注

第6章

隐藏在幸福之中的陷阱

一旦心爱的妻子死去

相知相爱的两个人相见时的喜悦是肉体的瞬间快乐无法比拟的。宇多田光在她作词作曲的成名作品*Automatic*中描述了这种心灵的交流。

> It's automatic
> 只要你在我身边
> 只要你凝视着我
> 我就止不住地怦然心动
> 无法对你说No

如果两个人性情相投，吃饭、聊天，不论做什么事，只要对方在自己的身边，就会自然而然地感觉到幸福。如痴如醉般相爱着的恋人之间，更会产生令人心潮澎湃的销魂感受。

但是，狂喜总是无法善终，乐极往往容易生悲。过分天真地轻信爱情，而因此有过痛苦经历的人，往往害怕再次恋爱。因为眼前的幸福越是炽烈，遭到背叛时的伤痛就越深重。

即使自始至终两情相悦，最终也难逃死别的宿命。而对于相爱的人来说，爱人的死永远只会是“来得太早”。

1999年，被誉为日本最具才华的作家江藤淳[1]亲手为自己66年的生涯画上了终止符。在妻子病逝三个月之后，他表示“想彻底地描述出妻子的死和自己的危机”，执笔写作了《妻子和我》。事实上，这也成了他的遗书。

守护着卧病在床的妻子直至最后一刻，绝不让妻子感到孤单——这曾是江藤淳的“人生目标”。他们是如此恩爱，甚至被称为“双胞胎夫妻”。

一旦心爱的妻子生命结束，一切都将结束。《妻子和我》一书，充满着惆怅无奈的伤感。

> 妻子自言自语地轻叹：“一切都结束了。”
>
> 她凄凉的声音深深地回荡在我的心里，我却无言以对。其实，这个时候，我也从内心深处意识到了：无可奈何地，“一切都结束了”。
>
> ……

[1] 江藤淳（1932—1999）：日本文学评论家。以研究夏目漱石闻名。——译者注

大概由于药物的作用，妻子看上去心情舒畅。她的脸上露出平静的微笑，凝视着我，说道：“我们去过很多地方啊。”

……

“是啊，每个地方都很有意思。”我回答说。但是，“我们还要一起去”这句话却怎么也说不出来。泪水不由自主地涌出来，我急忙躲到小厨房里。

江藤淳《妻子和我》

夫人去世以后，他的生活目标不复存在，剩下的只是等待死亡的毫无意义的时间。

只要妻子一息尚存，就要陪伴着她直到最后一刻，绝不让她感到孤单。这曾是我明确的目标。如今妻子已经逝去，我的目标已不复存在。唯有孤独地等待死亡的时间紧紧抓住我的身心，一分一秒地把我赶往毫无意义的死。

江藤淳《妻子和我》

为什么人要生离死别？为什么人会消逝而去？瑞士哲学家希尔提[1]忠告说：爱是“渗透心底的幸福，但也会成为破坏一切的不幸”。

完全沉醉于爱情幸福之中的人，越是情真意切，他就越不可避免地会深深陷入不幸之中，除非通过死亡来摆脱这种

[1] 希尔提（1833—1909）：瑞士的法学专家、哲学家、政治思想家。——译者注

苦涩的体验。

希尔提《幸福论》[1]

“难以置信的至福”与“无尽的悲叹”，二者绝对无法分开。

幸福同时也是不幸的根源

歌德[2]在《少年维特的烦恼》中叹息道：“幸福，同时也是不幸的根源。这难道是注定的吗？”[3]

恋人、健康、财产、名誉……这些会给我们带来喜悦，是幸福生活的支柱；却同时也是造成不幸和眼泪的根源。因为当这些支柱倒塌的时候，幸福也会随之崩溃，我们就不得不陷入痛苦之中。

印象派绘画巨匠雷诺阿[4]晚年患严重的风湿病，手指扭曲变形。但是，他把画笔和手用纱布紧紧地缠在一起，依然坚持不懈地绘画。他这样讲述无法发挥才华的遗憾：

现在手脚不听使唤了，却还想创作巨幅作品。经常梦见委罗内塞及其作品《迦拿的婚礼》！多么悲惨啊！

安妮·迪斯泰尔《雷诺阿》[5]

[1] 译自日文版《幸福论》（草间平作、大和邦太郎译）。——译者注
[2] **歌德**（1749—1832）：德国剧作家、诗人、思想家。在自然科学领域也有卓越成就。——译者注
[3] 译自日文版《少年维特的烦恼》（高桥义孝译）。——译者注
[4] **雷诺阿**（1841—1919）：法国印象画派的画家、雕刻家。——译者注
[5] 译自日文版《雷诺阿》（高阶秀而监修，柴田都志子、田边希久子译）。——译者注

为疾病而痛苦，是因为失去了健康。为失恋而哭泣，是因为遭到了恋人的背叛。为失去妻子、丈夫或孩子而悲恸，是因为带来希望和欢乐的生活之灯已经熄灭，沉没于泪水的深渊。

经过千辛万苦才得到幸福，然而就从获得幸福的那一刻开始，痛苦的魔爪就从身后、从脚下悄悄地向你逼近。不论什么样的幸福，终究都会抛弃你，伤害你。

能够结束这种悲惨的，除了坟墓，还会有什么呢？

曾经沧海难为水

大概会有人说："失去就失去吧，只要留下回忆就行了。"的确，幸福一去不复返，无论怎么伤心悲叹也无济于事。忘记痛苦的现实，回忆美好的过去，谁都会有这样的心情吧。

然而，患病的时候，还能为从前的健康而高兴吗？

正如滨崎步[1]在 *End roll* 这首歌曲中所唱：

过去的那个时刻不会再来

不论你多么思念

过去的时光的确快乐

但不是现在

不论过去多么快乐，时光不会倒流，"现在"已经没有

[1] 滨崎步（1978—）：日本著名歌手。——译者注

快乐。回忆令人感觉甜蜜，却没有使现在的自己快乐起来的力量。

“曾经沧海难为水”，因为经历了人生最幸福的时刻，反而会导致在以后的人生里唯有痛苦。与最理解自己的人分别，会是一种什么心情呢？也许会后悔：“曾经相信这就是最大的幸福，却竟然是最大的不幸，既然如此还不如一开始就没有。”

但丁在《神曲·地狱篇》中说：“没有比身处不幸之境地时，回忆过去的幸福更悲惨的事了[1]。”拥有过于宝贵的过去，更觉现在地狱的悲惨。

寻找不会毁灭的幸福

一个少年因为心爱的宠物犬死去而患上了神经衰弱，他每天抱着松鼠玩具，走到哪里，带到哪里。

他说：“玩具比宠物犬好，很可爱，又不会背叛我。”“死了……这就是背叛啊。”（大平健《温柔的精神病理》）

有许多妇女在孩子结婚离开自己以后患上了忧郁症，这种病被称为“空巢综合征”。别离如此痛苦，大概因为亲生子女是自己的命根子的缘故吧。然而，这个“命根子”用铁棍打死、用绳子绞死母亲的案件却不断发生。

“这孩子怎么会……”

“我辛辛苦苦把他抚养大，可是……”

[1] 译自日文版《神曲》（寿岳文章译）。——译者注

在亲生子女的凶器下，母亲是何等的痛苦、绝望、万念俱灰。

……

再也不想被残酷的背叛所伤害!

除了永远不会背叛的幸福之外，还有什么能让我们投入整个生命也无怨无悔呢？在这一切都将毁灭的世界之中，唯有不会毁灭的幸福才是所有人共同的愿望、人生的目的。

第 7 章

褪色的梦想

遥望富士何其秀，近观不过亦如此

柏拉图[1]在《会饮篇》中阐述道：永恒的幸福是所有人共同的目的。

但是，如果说永恒的幸福是“所有人共同的目的”，恐怕就会有人反驳说“人生的目的因人而异”，因为重视个性和多样化是当今社会的潮流。

主张“人生目的因人而异”的人所设想的人生目的大概有：考上大学、找到稳定的职业、构筑幸福的家庭、拥有自己的房子，或者是获得奥运会冠军、成为百万富翁、荣获诺贝尔奖，等等。然而，这些其实都只是目前争取实现的“目标”，不过是整个人生旅途中经过的一个“驿站”，称不上是

[1] 柏拉图（公元前427—公元前347）：古希腊哲学家，西方最伟大的哲学家之一。——译者注

“人生目的”。

上大学、就业、成家……这些不断变化的“生活目标”与“生而为人只为此”的“人生目的”是不一样的。本章也打算就这个问题进行阐述。

有人曾说过：“遥望富士何其秀，近观不过亦如此。”从远处眺望富士山，秀丽挺拔，但是登上去一看，到处是登山者乱扔的空罐头盒等垃圾，不禁大失所望。我们心中所描绘的“目标”也是如此，当目标在远处的时候，看上去很美，然而在达到目标的兴奋瞬间，一种情绪就会悄然沁入心头。

好不容易才实现了梦想，却不免失望：难道得到的就只有这些吗？越是历经千辛万苦，终于实现了远大的目标，就越容易产生失落感：“我究竟都做了些什么啊？”“我这么辛苦难道就是为了这个？应该有更多的……”这不能不说是一种讽刺。

歌德在《浮士德》中说：“人越是努力就越是迷茫[1]。”现实社会中有不少事例都印证了这种说法。

冠军心中的伤痕

日本拳击运动员鬼冢胜也1992年获得了超次最轻量级世界冠军。虽然他已经站在世界的顶点，并多次卫冕成功，却从来没有得到过充实感。鬼冢告白说，直到最后，自己都是处在“追求—幻灭—再追求”这个循环往复的过程中。

[1] 译自日文版《浮士德》（高桥义孝译）。——译者注

小时候，我觉得世界冠军就像超人一样，对于我来说，简直就像神那样遥远。我这样一个凡人，如果有朝一日能跻身于那个不得了的地方，会变成一个多么了不起的人啊！这种想法激励着我一直努力到今天。

但是，虽然在比赛中获胜了，期盼的东西却没有随之而来。“嗯？这是怎么回事？为什么会感到一无所获？”“不会是这样的，下次如果赢了，就一定会得到些什么吧。”我这样说服自己，又一场接一场地参加比赛，可是最终还是觉得一无所获。

比赛结束的当天晚上，得以幸存下来的真切感受和自己追寻的东西并没有如期而至所带来的孤寂，几乎让我发狂。尽管我总是希望自己心无杂念，蹦蹦跳跳地活跃在拳击场上，但是因为缺乏充实感，“这是怎么回事？”这个疑问一直纠缠着我，使我越发感到空虚。就这样反反复复直到最后一次比赛。

二宫清纯《鬼冢胜也独白四小时》

(1994年11月17日《周刊文春》)

以研究竞争理论著称的阿尔菲·科恩发现，许多体育运动员在实现了巨大的目标后，反而会因为一种一无所获的幻灭感留下深深的伤痕。尚未实现的梦想与业已实现的梦想之间，似乎存在着无限的距离。

如此巨富究竟有何用处？

同样的事情在商业界也时常发生。美国麻省理工学院的哲学教授欧文·辛格在《人生的意义》中指出：有很多成功人士突然觉得，自己一直以来全心投入且一帆风顺的工作变得毫无意义，无聊至极。

20世纪80年代，美国掀起一股赚钱热，富豪们如同英雄一般受到杂志的广泛宣传，成为万众瞩目的焦点。但是登上顶峰的他们，却有不少人感觉到幸福的幻灭。许多富豪开始怀疑："如此巨富究竟有何用处？""谁会在临死前后悔自己赚的钱不够多呢？"于是从幸福的宝座上跌落下来。地产大王唐纳德·特朗普[1]认为自己也是如此，他这样自述：

> 在实现了人生巨大目标的人们中，几乎就在实现目标的同时，极少有人不开始产生寂寞空虚、近于茫然若失的情感。（中略）用不着去观察别人的人生，我自己明白，这是事实。我也和别人同样容易掉入这个陷阱。
>
> 唐纳德·特朗普、查尔斯·李尔森《常驻顶峰》

如果没有正确地把握人生目的，即使历尽千辛万苦、付出巨大代价，将全世界的财富和名声都聚敛在自己手中，最后也会觉得毫无意义。

[1] 唐纳德·特朗普（1946—）：美国企业家和作家。——译者注

“人生目的”既不会褪色，也不会淡薄

目标实现的满足感只是暂时的，很快就会变成单纯的记忆。但是，实现“人生目的”的满足感却与此截然不同，既不会“褪色”，也不会“淡薄”。上一章已经说过，我们的终极理想是永恒的幸福。那种实现后只剩下空虚感与回忆的东西，不能称之为“人生目的”。

“永恒的幸福？人生目的？这种东西根本就找不到。”也许有不少人都放弃了追求。

但是，如果一生只是追求那种只能带来一时满足的“目标”，这会是什么样的人生呢？在实现目标以后，即使产生一时的满足，这种满足感也会随时间流逝而逐渐淡薄，不得不回到原先的出发地。于是只好又开始更加艰苦的努力，希望这一次能得到真正的满足。这样的人生就像是在没有尽头的圆形跑道上奔跑，永远都不会得到“生而为人真好”的生命喜悦。还有比这更大的悲剧吗？

叔本华[1]把得不到回报的人生形容为“像钟摆那样在痛苦与无聊之间来回摆动[2]”。

为了蝇头小利争夺得你死我活，被“幸福就在山那边等着你”的希望所蒙蔽，一生也得不到真正的安心和满足，最终投入死亡的怀抱。如果这就是人生，还能说“人的生命重于一切”吗？

[1] 叔本华（1788—1860）：德国哲学家，悲观主义的代表人物之一。——译者注

[2] 译自日文版《作为意志和表象的世界》（西尾干二译）。——译者注

第8章

岿然不动的死亡之墙

死亡会突然降临

> 人生瞬息万变
>
> 顷刻之间人事全非
>
> 当你坐在晚餐桌旁的瞬间
>
> 你所知道的人生就已结束
>
> 琼·狄迪恩《充满奇想的一年》

在十分畅销的纪实作品《充满奇想的一年》中，作者琼·狄迪恩[1]这样写道：2003年12月30日晚上，当她坐到晚餐桌旁的时候，她的丈夫突然因心肌梗塞而死去。那是一个与平时没有什么区别的极其普通的晚上，丈夫一边饮着苏格兰威士

[1] 琼·狄迪恩（1934—）：美国小说家、散文作家。——译者注

忌，一边和她聊天。突然，丈夫的右手像抓住了什么东西似的，停在空中一动不动。狄迪恩还以为在和她开玩笑，说道："别闹了。"然而，丈夫却再也没能回答她。

日本古典文学《平家物语》的开篇有这样两句脍炙人口的文字:"祇园精舍之钟声，诸行无常之回响。""诸行"是指一切之物，"无常"是没有常性，不能持续。身体健康、拥有财富、名声卓著、住宅豪华……这些所谓的现实总是在不停地变化，或迟或早，最终必然走向崩溃。

在种种无常之中，最令人难以接受的大概就是自己的死亡。东京大学哲学教授广松涉退休以后，很快就死于癌症。他是日本哲学界首屈一指的人物，在哲学、科学、心理学、经济学、社会学、历史学等诸多领域均有深厚的造诣。其大著《存在与意义》(三卷)只出版到第二卷的前半部分，在最后的著作中，他简要地叙述了后半部分的梗概，并留下了"期望有宁日!"的痛心之语。

现在还不能死!然而，死并不受我们的个人意志所左右。

同样罹患癌症的东京大学宗教学教授岸本英夫在他的抗癌手记中留下了这样的文字:

> 可以说，死亡总是突然降临。不论它什么时候降临，当事人总会觉得十分突然。因为在完全放心生活的心态下，对死亡没有丝毫的思想准备。……在不应该来临的时候，死亡突然来临;在不应该来临的地方，死亡大摇大摆地来临。犹如一个无法无天的人连鞋都不脱，毫无礼貌地闯进刚刚打扫

干净的客厅。他那么蛮横无理，叫他稍等一会儿，他也决不答应。这是人的力量根本无法制止、无法控制的一头怪物。

岸本英夫《凝视死亡之心》

死亡简直就是一场突然袭来的暴力。辛辛苦苦积累起来的任何丰硕成果都将随着人生的谢幕而被踏得粉碎，如同花了很长时间费力吹大的肥皂泡，在最后的瞬间砰然破灭。

萨特[1]在其毕生巨著《存在与虚无》的结尾中这样说道："人是无益的受难。[2]"没有比一味追求终将毁灭的东西更悲惨的人生了。尽管如此，为什么人们还要辛辛苦苦地活着呢？

人无法漠视生的意义

尼采在《查拉图斯特拉如是说》中写道："人对生看得越透，苦恼就越深。[3]"人生中真的有值得追求的东西吗？大概越是认真思考这个问题，就越觉得一切都毫无意义吧。

主张"人生虽然毫无意义，但还是要热爱它、接受它"的人也并非没有。例如日本社会学教授宫台真司在回答读者提出的"人为什么活着"这个问题时，就断言："活在世上毫无意义，何况也没有非活下去不可的理由。"（《自由的新世纪·不自由的你》）

[1] **萨特**（1905—1980）：法国文学家、哲学家。存在主义哲学的大师。——译者注

[2] 译自英文版《存在与虚无》（黑泽尔·E. 巴恩斯译）。——译者注

[3] 译自日文版《查拉图斯特拉如是说》（手冢富雄译）。——译者注

喜欢他的书的一个年轻读者自杀了，听他讲课的一个女大学生也自杀了。宫台真司在著作中回顾道:“如果不怕引起误解，也许可以说，S君是被我的迟钝所‘杀害’。”他还承认，自己的话最终使那个女学生陷入了更深的虚无（《美少年的无故自杀》）。

对这种令人丧失生活信心的谬论，人们表示强烈的愤慨，并有出版社出版了《狠批宫台真司!》，予以猛烈的批判。

如果真的如宫台真司所说，根本不考虑“人为什么活着”、“应该做什么”这些问题，只是漫无目的地活着，对外界的一切随波逐流，得过且过，那么活到80岁与现在就死去又有什么区别呢?宫台真司本人也许也意识到了这一点，他表示无法接受这种随波逐流的生活方式。

> 我主张“漫无目的、得过且过的人生”，但是我自己不能像女高中生那样“得过且过”。我无法像她们那样只为追求瞬间的快乐而活着。
>
> 宫台真司等《新世纪的真实》

加缪[1]说:“疯狂”地想知道生的意义的渴望在人心底激越地回荡。无论如何也想知道活着的目的，如果不知道，那就无法活下去，这就是人。有的人强辩说“不去想什么目的，照样也可以活下去”。但是，这样的人既非幸福，也非不幸，大概只是太忙碌了吧。

[1] 加缪（1913—1960）：法国小说家、哲学家、戏剧家、评论家。——译者注

灵魂深处的低语

1995年日本发生了阪神大地震。在地震造成的废墟上，有许多救援队员和志愿者奋不顾身地进行救援工作。当一位67岁的老人九死一生地从倒塌的屋檐下被救出来的时候，大家流着喜悦的热泪对他表示祝贺。然而，这位老人获救后在临时住所里生活时，却后悔“还不如当时死了好”，最终亲手结束了自己的生命。在灾后幸存者中，作出这种选择的并非只有一两个人。

据说，老人生前经常发出这样的叹息:“为什么要活在这世界上呢?”“这种生活，难道还要继续下去吗?”当人在不幸与悲伤前碰壁的时候，就会强烈地反问自己“为什么要活着”。

> 取得资格、有兴趣爱好、身体健康，这些的确都是使人生更加丰富的重要因素。但是，你有没有听见灵魂在心底低语呢?“不过，你会死去的，你会很快死去的。”……孩子还需要学费，想过上不亚于别人的生活，有时还想去打打高尔夫，为了维持体面也想和朋友去喝几杯，偶尔还想去旅游……就这样找出各种各样的理由，把对人生目的的思考一直往后推，直到死去的那一天。我担心自己就是这样走完人生。
>
> 田中鹤昭《人生的目的是什么》
>
> (1999年3月日本建设物价调查会会计检查资料)

我们总是找出各种理由，回避对人生目的的思考。然而，“死亡的阴影已经逼近，还能这样沉迷于兴趣爱好吗？”“不思考人生目的就死去，不觉得后悔吗？”这样的不安会逐渐加大。如同虫牙初期只是偶尔轻微的酸痛，而随着症状的发展，有时会痛得睡不着觉。

活着本是想追求幸福，实质上却在朝着最可怕的坟墓疾驰。没有比这更加矛盾的事情了。为活着而活着的人，就如同把“死”作为生的目的。

“临终之时，一切都会崩溃。一生的辛苦就没有回报吗？”

“要是毫无心理准备就堕入死亡的深渊，那可就悔之不及了。”

“现在应该做些什么？”

在正视死亡这个确凿无疑的未来时，就不得不思索最重要的问题——人生目的。

人类痛苦不安的根源

“健康热”有点热过头了。什么样的饮食才不会得病？转基因食品是否安全？环境激素会造成哪些危害？电视、杂志等都非常热衷于讨论这些问题。

要是医生说“你得了感冒”，你不会大惊小怪。但要是说得了“癌症”、“艾滋病”，你肯定惊恐万分。因为这些病会导致死亡。

德国哲学家蒂利希[1]在《存在的勇气》中说：哪怕只是一个瞬间，人也无法忍受死亡本身的“赤裸裸的不安”。大概因为直接面对死亡过于可怕，所以人类才会致力于解决疾病、环境这些问题。人们惧怕核战争，害怕地震，担心经济萧条……其实归根结底，是因为这些都与死亡相关。

有人说：“我们都是死神手上玩弄的小丑。”不论怎么逃脱、挣扎，人其实只是一味地在向死亡奔跑，而且对死后的情况一无所知。

还有什么会比前途渺茫更令人感到不安的呢？因为是在一片黑暗中奔跑，看不见前方，所以无论得到什么，都不会有发自内心的喜悦。这就是使人生痛苦不断的真正原因。如果不明白这一点，就不可能得到真正的安心和满足。斩断痛苦的根源，体会到“生而为人真好”的生命喜悦，这才是人生的终极目的。

正视死亡，决不是让人生变得消沉，而是迈出了让生命的每一刻都放射出比太阳更加明亮的光辉的第一步。

正视死亡，才能明确真正的人生目的

“人生的目的因人而异，所以要自己去寻找。”这样的建议对于那些认真地思考生存理由的人来说，显得软弱无力。

的确，如果找到自己能够热衷的事业，会感到生活很充实，觉得这就是我的人生意义。但这只是忘记了死亡阴影时

[1] 蒂利希（1886—1965）：哲学家，神学家。生于德国。——译者注

的瞬间快乐。一旦听到“你会很快死去”这灵魂的低语，即使做着自己喜欢的事，得到朝思暮想的东西，深深的苦恼依然挥之不去。

“梦想虽然实现了，却仍然觉得空虚。”

“为什么在幸福的时刻，会感觉到莫名的悲伤?”

“短暂的燃烧、仓促的消失，难道这就是人生的全部体验吗?”

“就没有从心底感到满足的人生目的吗?”

对于怀有这些疑问的人来说，“人生的目的要自己去寻找”的主张就等于是抛弃了他们。因为人生目的因人而异的主张，无视所有人都要面对的死亡问题，并不具备从根本上解决人生苦恼的力量。

只有正视死亡，了解并斩断苦恼的根源，才能得知“人生是多么美好”、“活着是为了得到无比的幸福”，清楚知晓人生的目的。

泪水化成珍珠的时刻

前面已经说过，柏拉图在《会饮篇》中说，人类共同的人生目的是得到永恒的幸福。

所谓“知道人生目的”，就是知道“永恒的幸福”与“褪色的幸福”的不同，就是能够区别“人生目的”与“人生目标”的不同。

几乎所有的人生论都把“人生目的”与“人生目标”混

为一谈，所以，区分它们的不同极其困难。而亲鸾圣人将二者截然区分开来，鲜明地揭示了人生的目的。他在其最重要的著作《教行信证》中一语道破：

> 由不知真假，迷失如来广大恩德。
>
> 《教行信证》

所谓“不知真假”，就是不知道“人生目的（真）”与“人生目标、兴趣爱好（假）”的不同。由于不知道人生目的，所以感受不到“生而为人真好”的生命喜悦。亲鸾圣人称其为“迷失如来广大恩德”。

实现人生目的的时刻，一切辛苦都将得到回报，流淌的每一滴泪水都会化成珍珠回到自己的手里。

“达成了人生目的、得到了永恒的幸福”，那会是什么样的世界呢？下面我将详细阐述。

第Ⅱ部

亲鸾圣人的回答

亲鸾圣人简介

日本广受欢迎的电视栏目《你知道吗?!》介绍说，亲鸾圣人是近百年来专家学者们最热心研究的对象，日本历史上最受瞩目的人物。有人赞叹圣人的坚强，有人佩服他吃荤娶妻的勇气，有人称赞他对自身透彻的洞察力，有人惊叹于他深远无比的哲学思想，也有人为他弥陀般的慈悲而感动哭泣。亲鸾圣人到底是一位怎样的人物呢？在这里，首先简单地介绍一下他的生平。

1173年——生于京都（日本平安时代末期）

9岁——出家，入佛门

圣人4岁即丧父，8岁时又失去了母亲。幼年时代痛失双亲，这使圣人惊讶地意识到死亡也在步步逼近自己，于是，为了解决生死大事，他年仅9岁就剃度出家，成为了比睿山天台宗的僧侣。在山上，圣人全心全力按照《法华经》的教义刻苦修行了20年，却由于未能解决生死大事，于29岁时挥泪离开了比睿山。

29岁——依靠弥陀的誓愿，实现人生目的

下山后不久，圣人即遇到了净土宗的祖师法然上人，得知了真实的佛法——阿弥陀佛的誓愿。依靠弥陀誓愿，圣人终于得以解决生死大事，实现了人生的目的。他随即拜法然上人为师，开始全力弘扬真实佛法。

31岁——吃荤娶妻

为了开阐弥陀誓愿广度一切众生的真意，亲鸾圣人于31岁时公然吃荤娶妻。这在当时的佛教界激起了轩然大波，使其备受四面八方的责难和攻击。

35岁——被流放越后（新潟县）

圣人35岁时，遭遇了日本佛教史上最严厉的弹压。在这次弹压中，亲鸾圣人最初被判死罪，后改为流放越后（今新潟县）。在风雪严寒的越后之地苦度了五个春秋之后，圣人来到关东（今东京一带），在此处大力弘扬弥陀誓愿，使真实佛法传遍了关东大地。

60岁后——从关东回到京都

20年后，年过花甲的圣人返回故乡京都，此后直到90岁去世为止，一边宣扬弥陀誓愿，一边致力于写作。圣人著述甚多，最重要的著作为《教行信证》，其他还有《净土和赞》、《高僧和赞》、《正像末和赞》、《愚秃钞》、《唯信钞文意》、《一念多念证文》等，在本书中均有引用。

1263年——90岁圆寂

关于达成人生目的后的亲鸾圣人，在第28章中有详细介绍。

第 1 章
人类永恒的课题

物质丰富的社会

人，为什么活着?

这个古老而又常新的问题，2400年前在希腊哲学家柏拉图的对话集《高尔吉亚篇》中就被论述过。书中，卡利克勒斯的回答是：任欲望不断膨胀，然后尽可能多地努力满足自己的欲望，这才是人应有的生存方式。

生活在现代社会的我们，难道不正是卡利克勒斯的追随者、信奉者吗?18世纪工业革命以来，人类开始使用机器大量制造产品。自此，如何随心所欲地得到想要的东西、如何高效率地满足欲望——人类的智慧和努力就聚焦到这一点上。

尤其是20世纪，人们相信只要物质丰富就能得到幸福，极力讴歌物质文明的繁荣。同时，人的欲望也在急剧膨胀。

社会越是富裕，生产的商品越是繁多，消费者就越是想要新型电脑、壁挂电视、新车等更多的东西。美国的经济学家加尔布雷思[1]把这种现象称为“依赖效应”。

科学的发展日新月异。现在可以一边走路一边与人通话，连小学生都有手机，人们很难相信曾经还有过没有电话的时代。微波炉节省了多少做饭时间；自动取款机的出现使24小时存取款成为现实；通过网络银行，在家就能查询自己的存款余额和转账汇款。现在还研发出了一种医疗用超微型电脑，从吞入口中到排出体外，可以即时显示出消化器官的内部状态。

生活的确变得非常方便，但是为什么人们依然不能从心里感受到幸福呢？想要的东西或许可以接连不断地得到，然而无论得到什么，都无法满足不断膨胀的欲望，反而让人感到不满和空虚。

在日本等许多发达国家，自杀者不断增加，手段残忍的犯罪案件也日益频发。新潟县发生的监禁少女长达九年的事件，是日本犯罪史上前所未有的恶性案件。女孩被诱拐时刚刚 9 岁，28岁的犯人对她拳打脚踢，还使用高压电流枪实施暴力，而且不许她发出声音。她只好咬着自己的手臂或者毛毯忍受这种惨无人道的摧残。

2000年，少年犯罪也出现迅速增加的趋势。一个杀死家庭主妇的少年满不在乎地宣称：“我就是想体验一下杀人的感觉。”一个17岁的少年听到这句话以后，懊悔自己“被他

[1] 加尔布雷思（1908—2006）：美国经济学家。代表作有《丰裕社会》等。——译者注

抢先了”，于是劫持了一辆公共汽车，残杀一人，刺伤五人，使乘客长时间陷于极度恐惧之中。而被警察逮捕后，他还满不在乎地说：“我做了什么坏事吗?”还有一个15岁的男学生，蓄意杀害同学一家，他手持利刃，闯到同学家里，酿成三人死亡、三人重伤的惨案。这些案件，听起来都令人不寒而栗。

爱因斯坦的呼唤

物质丰富，生活大为改善，但这些并不能给人类带来真正的幸福。20世纪正是证明了这个道理的时代。虽然科学取得了长足进步，成为人类史上最强大的手段，却也被用于前所未有的大量屠杀，成为几乎毁灭人类自身的工具。

爱因斯坦[1]呼唤说，科学用于何处？宗教的作用就是指明其目的所在。他在《我的世界观》中也这样写道：“回答人生意义的是宗教[2]。”21世纪被称为“宗教的世纪”，这正是因为人们期盼着明确揭示人生目的的“真正的宗教”吧。

人生有目的吗?

“有。所以大家要尽快实现!”

这是亲鸾圣人毕生唯一的呼吁。

将人类最重要的问题“人生目的”明确揭示出来的，正是亲鸾圣人。如果知道了圣人所阐明的人生目的，就一定会理解为什么有那么多人对他的精神产生共鸣、为之感动，并

[1] 爱因斯坦（1879—1955)：德裔美国科学家，曾积极参与和平运动。——译者注

[2] 译自英文版《我的世界观》（阿兰·哈里斯译）。——译者注

从中得到生存的勇气。

在本书的第II部中，笔者将引用圣人的话语来阐明人生的目的。

第2章 人生目的就是乘上“渡难渡海大船”

弥陀誓愿的大船

人为何而生？为何而活？为什么不论多么痛苦也不能自杀？“人生的目的”是什么？

亲鸾圣人的回答清楚明了，具有坚定的自信和勇气：

“在波涛不断的人生苦海中，有一艘大船能使我们心情明朗地渡过苦海。乘上这艘大船，活在未来永恒的幸福里，这就是人生的目的。”

其最重要的著作《教行信证》开篇就这样写道：

> 难思弘誓，渡难渡海大船；无碍光明，破无明暗慧日。
>
> 《教行信证》

“弥陀[1]的誓愿是一艘大船，它可以破除苦恼的根源——无明之暗，使我们心情明朗而愉快地渡过波涛不断的人生苦海。乘上这艘大船才是人生目的。”

这是向全人类发出的一大宣言。

“乘上渡我们过苦海的大船”，这正是本书要阐述的课题。那么这是什么意思呢？用一句话来说就是：

“破除苦恼的根源——无明之暗，获得‘生而为人真好’的巨大生命喜悦。”

尽管圣人的著作很多，但可以说，这是贯穿始终的唯一主题。

人并非为了痛苦而生

如上所述，圣人把人生比喻为痛苦的波涛接连不断的大海，称之为“难渡海”、“苦海”。

一统日本天下的德川家康[2]曾这样感慨自己的人生：“如同负重荷，行远路。”他至死也未能卸下苦恼的重负。超级乐观主义者歌德也感叹道：“我的生活最终只是痛苦和重负，在75年的生涯中，真正感到幸福的不到四个星期[3]。”

从文豪们的慨叹中，也可以窥见人生的实态。一生自由奔放的女作家林芙美子[4]说道：“花之生命短，唯有痛苦多。”

[1] 弥陀：即阿弥陀佛。——译者注

[2] 德川家康（1542—1616）：开创江户幕府的将军，当时日本的最高统治者。——译者注

[3] 译自《宗教经验多样化》（威廉·詹姆斯著）。——译者注

[4] 林芙美子（1903—1951）：日本女小说家。代表作有《放浪记》《晚菊》等。——译者注

夏目漱石[1]在给妻子的信中这样写道：“人或许就是为痛苦而生的动物。”芥川龙之介[2]也说：“人生比地狱还要地狱。”（《侏儒的话》）

其实，不用听这些愁苦的哀叹，“人生是苦”——2500年前释迦牟尼佛留下的这句金言，早已得到了人们的认同。

但是，我们绝非为了痛苦而生，也不是为了痛苦而活。所有人的终极愿望只有一个，那就是苦恼尽消、得以明朗而快乐地渡过人生苦海。

如何实现这个愿望，这才是人类最大的课题。而回答了这个问题的，正是《教行信证》。

[1] **夏目漱石**（1867—1916）：日本小说家，在日本近代文学史上享有很高的地位。——译者注

[2] **芥川龙之介**（1892—1927）：日本小说家。代表作有《罗生门》《竹林中》等。——译者注

第 3 章

当务之急——查明苦恼的根源

翻过这道山坡，会有幸福在等待吗?

人为什么会痛苦呢?

挨打之后，动物只会尖叫着逃跑，人却会思考：挨打的原因是什么? 怎么做才能不挨打呢?

任何事情，如果不明其因或者判断错误，结果都会很糟糕。本来能治好的疾病也变得无药可救。比如肚子痛，这究竟是胃溃疡引起的，还是癌症引起的? 或者是神经性疼痛? 没有准确的诊断，就不会有正确的治疗，自然也无法解除患者的痛苦。如果把胃癌误诊为胃溃疡，会是什么样的结果呢? 只会留下无尽的后悔。所以，查清病因是治疗的当务之急。

同样，要想开拓出无比安乐的人生，就必须先正视“人生是苦”的实相，辨明造成这种痛苦的罪魁祸首。可以说，查明苦恼的根源是人类最大的当务之急。

亲鸾圣人一语道破了苦恼的真正原因。

还来生死轮转家，决以疑情为所止。

《教行信证》

首先解释“还来生死轮转家”。“生死轮转”亦称“流转轮回”，是指在圆周上无休止地转圈，永远无法到达安心、满足之终点的痛苦。亲鸾圣人把这个无法摆脱的痛苦比喻为人无法离开的“家”，就是“永无终止的人生之苦”的意思。

陀思妥耶夫斯基[1]根据自己在西伯利亚服苦役的体验，在《死屋手记》中写道：最残酷的刑罚就是强制进行“毫无用处、毫无意义”的劳动。犯人在监狱关押期间，被强迫烧砖、抹墙、种地。这些虽然都是强制性的苦役，但尚有目的性。通过劳动，能够生产粮食、建造房屋，从而感受到自己劳动的意义。所以，即使艰苦也能够忍受。

然而，如果处以这样的刑罚，会怎么样呢？

把一座很大的土山从甲地搬到乙地，大汗淋漓地完成任务以后，又被命令把它再搬回甲地。土山搬回原地后，再被命令搬到乙地，就这样反反复复……如果被强迫进行这种没有目的、没有意义的劳动，那会怎么样呢？受刑者要么如同陀思妥耶夫斯基所说的那样，“只要干四五天，就会上吊自杀”，要么就发了疯，一头撞死在石头上。这就是“永无休

[1] 陀思妥耶夫斯基（1821—1881）：俄罗斯小说家。19世纪俄罗斯文学的代表人物之一。——译者注

止之苦”的刑罚。

而人的一生，不也与之相同吗?

一心欲翻越，
终登此山峰。
放眼望前方，
山路犹重重。

疾病的痛苦、爱人或亲人的逝去、意想不到的事故、家庭及单位的人际纠纷、邻里间的冲突；还有升学考试、升迁竞争、突然的解雇、贷款的负累、老后的不安……

刚刚克服了一个困难，以为终于得到了幸福，下一个苦恼又接踵而来。“怎么会是这样?!”面对意想不到的天灾人祸，人们不知道多少次为之震惊、悲伤与哀叹。

“只要翻过这座山，幸福就在等待我。心中相信这句话，越过七岭四十坡。[1]”这首歌之所以会风行一时，也是因为能引起大家共鸣的缘故吧。

相信“只要翻过这道山坡，就一定能够得到幸福”，因此不顾一切地努力攀登。却在翻过这道山坡以后，看见眼前矗立着更高更陡的山峰。于是只好再次振作精神，摇摇晃晃地站起来，心想“只要再翻过这道山梁……”气喘吁吁地继续攀登。人生不就是在不停地重复着这个过程吗? 亲鸾圣人把这样的人生叫做“还来生死轮转家”。

[1] 日本演歌歌词。星野哲郎作词，都春美演唱。——译者注

我很早以前就一直在椰子树下午睡

在人生苦海的惊涛骇浪中，经常会听到这样的叹息:

“要是我能有钱……”

“要是我有财产……”

“要是我有名气……”

“要是我有地位……”

“要是我有个家……”

“要是我有恋人……”

……

人们似乎把苦恼归咎于上述原因，朝着这些漂荡于人生苦海中的木板拼命游去，试图抓住它们。然而，依靠它们就能够渡过苦海吗?

下面介绍一则令人深思的小故事。地点是在南方的某个国家，登场人物是一个美国人和一个当地人。

美国人揪住总在椰子树下睡午觉的当地人，开始说教。

“别这么懒，你应该去干活挣点钱。”

本地人瞪眼看着美国人，说道:“挣钱干什么?”

“存在银行里，会变成很多钱的。”

“要那么多钱干什么?”

“可以盖漂亮的房子啊。要是有更多的钱，还可以在暖和的地方盖别墅。”

“盖别墅干什么?”

“可以在别墅院子里的椰子树下午睡啊。”

“我很早以前就一直在椰子树下午睡了。”

我们的周围充满了这种不能自圆其说的幸福论。

为什么戴安娜王妃也会五次自杀?

如果像大多数人认为的那样，苦恼的根源就是没有金钱财产、名誉地位，那么拥有了这一切的人生，一定会充满了幸福和喜悦。然而，实际情况又是如何呢?历史上的事例固然不胜枚举，现实中的悲剧亦让人目不忍睹。

英国皇室之花戴安娜曾是万人憧憬的对象。无论是她美丽的容貌，灰姑娘般传奇的经历，还是那一场“世纪婚姻”，都为世人羡慕不已。然而，这位王妃却曾经五次试图自杀。由此可知，她的心中也充满了不为人知的苦恼。

日本第一位荣膺诺贝尔文学奖的作家川端康成[1]，尽管才华横溢、名满天下，最后却用煤气自杀了。他想必也是一个苦恼的人吧。

美国的卡罗瑟斯[2]是尼龙纤维的发明者。这项划时代的发明使袜子的耐磨程度倍增。据说他所在的杜邦公司给予了这位天才化学家十分破格的待遇:一生中无论去任何地方旅行，无论在多么高级的餐厅用餐，所有费用都由公司负担。杜邦公司大概认为，如果让卡罗瑟斯有所不满，一定会给公司带来巨大损失。与之相比，即使支付他一生吃喝玩乐的费用，

[1] 川端康成（1899—1972):日本小说家。代表作有《雪国》《山之音》等。——译者注

[2] 卡罗瑟斯（1896—1937):美国化学家，尼龙的发明者，为合成纤维工业奠定了基础。——译者注

代价也是低廉的。但是，这个卡罗瑟斯却在41岁正当年富力强时自杀了。

如果说没有金钱、财产、名誉、地位真的是苦恼的根源，那就不会发生这样的悲剧吧。

> 无田亦忧欲有田，无宅亦忧欲有宅。有田忧田，有宅忧宅。牛马六畜、奴婢钱财、衣食什物，复共忧之。有无同然。
>
> 《大无量寿经》

“没有田地房宅，就为了得到它们而痛苦。有了田地房宅，又为管理和维持而苦恼。其他也是如此。”

金钱、财产、名誉、地位、家眷……没有这些，人们会因为没有而苦恼；一旦拥有，又会因为它们而生出别的苦恼。可以说，拥有的人是被“金锁链”拴着，没有的人是被“铁锁链”拴着。不论锁链是金的还是铁的，处在痛苦中的实态都不会有任何改变。释迦牟尼佛称之为“有无同然”。

除非知道苦恼的真正根源，并将其根除，否则，不管拥有多少财富和权力，哪怕能够飞上太空，也无法卸下人生的重负。

第 4 章

诊断——
苦恼的根源是“无明之暗”

人生苦恼的根源是什么? 亲鸾圣人的回答简洁而明确。

> 决以疑情为所止。
>
> 《教行信证》

“只有疑情这一个原因。”圣人斩钉截铁的话语中没有丝毫的犹疑。他毕生讲授的就是“如何消除苦恼”这一件事，所以这样明确的断言极多。

圣人所断言的苦恼唯一的根源——疑情，就是对死后会如何一无所知的心，也叫做“无明之暗”。关于无明之暗，将从下一章开始阐述。

听到苦恼的根源是无明之暗，大概不会有人颔首称是。大多数人会惊讶不已:“什么?! 那是什么?”或者迷惑不解:“没听说过，也没见到过。”

就连那些正视自我、严格自省的人，大概也认为苦恼是由欲望、愤怒、嫉妒等造成的。而这些，在佛教里被称为“烦恼”。

苦斗烦恼二十年

樱花虽易逝，
犹信明日在。
焉知夜半里，
风雨会否来。

亲鸾圣人4岁丧父，8岁丧母，他意识到下一个死去的将会是自己，震惊于步步逼近的死亡阴影，于是出家为僧。这首短歌就是他出家时吟咏的。

圣人9岁入佛门，此后20年一直在日本佛教的中心比睿山修行。这20年的岁月，正可谓是和烦恼搏斗的日日夜夜。在《叹德文》这部古书里生动地记述了他当时苦斗的情形。

虽凝定水，识浪频动；虽观心月，妄云犹覆。而一息不追，千载长往。何贪浮生之交众，徒疲假名之修学。须抛势利，直悕出离。

《叹德文》

寂静的夜里，独自在山上努力修行的亲鸾圣人看到月光下的琵琶湖澄澈如镜。

“为什么自己的心不能像湖水那样平静呢？不该想的事浮现在脑海，不该思虑的事偏偏涌上心头，可怕的念头喷涌而出。为什么欲望与愤怒在心中如波涛般汹涌澎湃？这颗心，无论如何必须平静下来……”

面对平静无波的湖水，圣人为自己心中翻滚的烦恼而哭泣。他抬起蒙胧的泪眼望着夜空，只见皓月高悬，月光如水。

“为什么就不能像看见这轮月亮一样看到悟道的明月呢？乱云翻滚，遮蔽我心中的天空。难道我就必须怀着如此黑暗之心死去吗？”

一呼一吸之间，他知道自己正步步逼近无尽痛苦的世界，为此坐立不安。如此大事尚未解决，又怎能让时光虚度？必须尽快抛弃一切俗念，解决这个根本大事。

对于亲鸾圣人来说，已经没有丝毫犹豫不决的时间了。为了寻找能够引导自己解决这个根本大事的大德高僧，他离开了留下几多回忆的比睿山。上面这段话正是描写亲鸾圣人挥泪下山时的痛苦心情。

不久，亲鸾圣人终于遇到了法然上人[1]，得以聆听法然上人阐述的弥陀誓愿——根除苦恼的根源“无明之暗”、给予我们欢喜无量生命的誓言。此时，亲鸾圣人惊喜交织的心情，一定是他人无法想象的。

[1] 法然上人（1133—1212）：日本净土宗的开山之祖，亲鸾圣人之师。主要著作为《选择本愿念佛集》。——译者注

邂逅法然上人

得遇真实之知识，

实是难中之更难。

流转轮回无边际，

唯以疑情为障碍。

《高僧和赞》

“遇见讲说苦恼的根源乃无明之暗、教授真正佛法的人，实在是极难之事。”圣人终于得遇恩师法然上人的激动，以及得知苦恼真因的感动之情仿佛跃然纸上。

上述和赞中的“知识”，并非我们平时所说的“科学知识”等意义上的知识，而是指传播佛法的人。所谓“真知识”，就是教授真正佛法的老师。

今天的日本人一听到佛教，会想到什么呢？恐怕是依靠举办丧事、做法事、念经谋生的丧礼佛教；是求神签、焚烧护摩木以求神佛保佑现世幸福的祈祷佛教；是把寺院、大佛作为挣钱工具的观光佛教；是热心社会事业胜过信仰，四处奔走经营学校、幼儿园的事业佛教；是把寺院的院子作为停车场出租，自己担任学校教师等职业以谋生计的兼职佛教；是借口开山祖师以及中兴上人的法事敛钱的远忌佛教，等等。

当然，这些都是不值一提的。在现代，即使还有讲说佛法的僧侣，也都是在告诉人们欲望、愤怒、嫉妒等“烦恼”是苦恼的根源，教导人们如何面对这些烦恼。而指出苦恼的根源是“无明之暗”的“真知识”，可以说是寥若晨星。

而亲鸾圣人却有幸遇到了法然上人这位教导“流转轮回无边际，唯以疑情为障碍”（苦恼的根源就是无明之暗）的“真知识”。由此，我们不难理解，为什么亲鸾圣人为之欢喜至极，他感慨说：“得遇真实之知识，实是难中之更难”（亲鸾能够遇到教授真正佛法的老师，是何等幸福啊）。

圣人甚至还用下面这样一段充满真情的话语，表达他遇到明师法然上人的兴奋，以及无明之暗被破除后的喜悦之情。

虽经旷劫多生久，
未知出离有强缘。
本师源空若不在，
此生虚度又一回。

《高僧和赞》

“自无限遥远的往昔以来，亲鸾我从来都不曾知道过苦恼的根源是什么，也不知道破除苦恼根源的弥陀誓愿的存在。如果没有遇到真正的佛教明师，我就不会知道人生的目的以及实现这个目的的道路。失去这唯一的得救机会，无疑将永沉苦海。亲鸾我在千钧一发之际被法然（源空）上人拯救了。”

那么，被断定为苦恼根源的“无明之暗”又是什么呢？

第5章

无明之暗——不知死后去向的心

前往冥土的旅客

所谓“无明之暗”，就是不知道死后将会如何，对死后的去向一无所知的心。

一提到死亡的话题，人们就觉得不吉利，有的还会告诫说：“要是说这种话，你也马上就会死的，快闭嘴吧！”如果真是如此，那么，谈论金钱就能马上赚到钱，谈诺贝尔奖就能获奖，说想要房子就会立刻拥有房子了。对死亡的忌讳如此可笑，在世间却畅通无阻。

大概因为一听到“4”就联想到“死”，所以有的医院没有4号病房，连电梯也没有“4”这层。可见，对这个谁也无法避免的人生终点，人们忌讳到何种程度。

前往冥土路途上，
元旦是块里程碑。
可庆之人亦有之，
可悲之人亦有之。

一休[1]说，所有的人都是“前往冥土的旅客”。“冥土”就是指死后的世界。人生无疑就是通往冥土的旅程，活一天就离死近一天。即使全世界的钟表都停止不动，也无法阻止人走向死亡。这对每个人来说都是严酷的事实。没有人愿意乘坐肯定要坠毁的飞机，但是我们从出生的那一天起就坐上了这样的飞机。

真正面对死亡时

死是所有人不可回避的未来，但是却没有人认真地对其加以思考。也许是因为不想考虑吧。碰到熟人、朋友、亲人突然死去，不得不想到死亡的时候，虽然也感觉到令人战栗的不安和恐惧，但那只是暂时的，很快就会忘在脑后，依然只有每天的生活占据心中。即使承认死是自己百分之百确凿无疑的未来，也总以为还是很远的事。

有一位医生临终前曾留下这样的话：“死乃他人事，迄今如是想。而今自己死，思之已欲狂。”看别人死去与面对自己的死亡，就像在动物园里看老虎与在山上遇见老虎一样，

[1] 一休（1394—1481）：日本的禅宗僧侣。——译者注

心情大不相同。

面对别人的死亡，即使感觉到“令人战栗的不安和恐惧”，但死还只是存在于想象之中，不过是在观看笼中的老虎，不必担心它会扑过来，因为并非是在山上真正遇到了猛虎。

但是，要是被医生告知“你已经是癌症晚期，最多只能活一个月”，那又会怎么样呢？

东京大学宗教学教授岸本英夫说：到了这个时候，其他的一切都不再重要，只剩下一个十万火急的问题——死后将会如何。岸本教授去世之前，曾与癌症搏斗了十年之久。他直面死亡的记录极其惨烈。

> 仔细想想，生命终结究竟是怎么一回事呢？不言而喻，这是人的肉体生命的结束。呼吸停止，心脏停止跳动。（中略）但是，构成人这个生命体的不仅仅是单纯的生理意义上的肉体，至少在活着的时候，人还是精神的个体。这是常识。在活着的时候，具有“自我”这个意识，存在着“我”这个自我。于是，问题就集中到这个“自我”死后将会如何这一点上。对于人来说，这成为非常大的问题。
>
> 岸本英夫《凝视死亡之心》

“死后将会如何”才是最大的问题

有人嘴上坚持说“哪里有什么死后的世界”，但是他在亲戚朋友死去的时候，也会到“灵前”祈祷“冥福”。“灵前”

是死者的灵魂面前,“冥福”是死者在冥府的幸福,都是以死后世界的存在作为前提条件。有的人甚至还流着泪向死者说“安息吧”、“往生净土吧”,等等。如果是遇难而死,人们还往往从空中或者船上抛撒花束和饮料食物。这绝非是单纯的仪式。他们的表情非常严肃,动作非常恭敬。

每年我们都会给逝去的亲人扫墓、祭祀。对于幸福的人,我们通常不会给予安慰,因为没有这个必要。如果不是承认死者的灵魂存在,并且认为他们需要安慰,就不会举行这些仪式。一边否定死后的世界,一边却为死者祈祷冥福——人们心底其实是不能彻底否定死后世界的存在吧。

如果有人笑着辩解说“这些不过是习俗而已”,那肯定是因为他还没有体会过失去至亲至爱的人的痛苦。

“死后是怎么回事,等死了以后才知道,别尽想这无聊的问题。”对待死亡,人们拒绝思索。但是,对火灾等飞来横祸以及老后的生活却异常担忧。实际上,大多数人都不会遇到火灾,如果年轻轻的就死去也就不存在晚年如何生活的问题。尽管如此,人们还是会加入火灾保险,还是在为老后的生活而拼命储蓄。似乎没有人会说:“老后会怎么样,到老了以后再说吧。别尽想这无聊的问题。”如此认真地看待火灾、老年等问题,却不把将来确实会发生的后生之事放在心上,人们还没有意识到这种自相矛盾的存在。

“想又有什么用啊?”“到时再说吧。”“想这种事,别活了。”死亡是如此地让人难以正视。在死亡面前,难道人就只能或“绝望”,或“作毫无意义的最后挣扎”吗?

身体健康的时候，人们对死的态度都很轻松乐观："死是人生的休息"，"是长眠"，"没什么可怕的"。然而一旦死亡来临，只有"死后会怎么样"成为唯一关心的问题。人在死后是否还存在？会变成什么样？我们对此一无所知，处于一片漆黑的状态。

这种不知道死后将会如何的心，被称为"无明之暗"，也称为"后生黑暗之心"。"后生"是指死后，"黑暗"是一无所知的意思。对死后的去处一无所知的心，即是本书所阐述的"后生黑暗之心"，亦即"无明之暗"。

第 6 章

为什么无明之暗是苦恼的根源?

“死后将会如何”的不安

大概许多人会有这样的疑问:“后生黑暗之心”为什么是现在苦恼的根源?

如果对未来感到黑暗，会怎么样呢?可以用这样的例子试着想象一下:三天后即将面临重要考试的学生，他现在就会感到心情黯淡;五天后就要动大手术的患者，他现在就已经做不到快乐安然地度日。

如果未来黑暗，现在也就变得黑暗。想一想那些乘坐在被告知将要坠毁的飞机里的乘客，就会明白这种状态。任何饭菜都尝之无味，任何喜剧都笑不起来，这样的空中旅行别说舒适愉快，简直就是心惊胆战、惊慌失措，恐怕还有人会哭泣叫喊。在这种情况下，乘客苦恼的根源是即将发生的坠机事故。但其实，不仅坠机的瞬间是可怕的，一分一秒地向着悲惨结局飞行的过程本身就是痛苦的地狱。

如果未来黑暗，现在也就变得黑暗；而现在之所以黑暗，就是因为未来黑暗。对死后的不安与现在的不安密不可分，如果后生一片黑暗，就根本无法建构光明的现在。

托尔斯泰[1]在将近50岁的时候，意识到这个问题。也许今天或者明天，自己就可能死去，又怎么能安心快乐地活着呢？他惊骇得甚至无法工作。

> 我只是惊讶，对这样的事为什么当初无法理解？这种事不是自古以来人人皆知的吗？如果今天抑或明天，疾病、死亡降临在自己所爱的人或者自己头上（其实以前就曾有过），除了死的腐臭和蛆虫，不会留下任何别的东西。我的工作，不论是什么样的工作，迟早都会被人忘得一干二净，我也将会死去。如果这样的话，为什么要辛辛苦苦地活着呢？人们竟然察觉不到这一点！——这实在令人震惊！沉醉在甜蜜生活之中的时候，也许还能活下去，但一旦清醒过来，就会发现这一切都是欺骗，而且是愚蠢的欺骗。
>
> 托尔斯泰《忏悔》[2]

挚爱的亲人，也终有一天要面对这可怕的死亡。想到这些，家庭、艺术等生活中的甜蜜也都变得淡然无味。作为作

[1] 托尔斯泰（1828—1910）：俄罗斯小说家。19世纪俄罗斯文学的代表人物之一。——译者注

[2] 译自日文版《忏悔》（中村白叶、中村融译）。——译者注

家，托尔斯泰的创作生涯一帆风顺，但当他凝视确定无疑的未来——死亡时，他的世界就破裂成无数的碎片，一切都失去了光芒。

帕斯卡尔曾经忧心忡忡地说：“我们遮住眼睛不让自己看见前方的断崖，然后毫不在意地跳进万丈深渊。”[1]

仔细一想，我们就如同是在黑暗中奔跑。“死后将会如何？”这种对即将进入陌生世界的不安和恐惧，如果不用某种方法加以掩饰、欺瞒，就无法活下去。可以说，只要后生黑暗之心不消失，文化的发展、文明的进步都不过是为了掩饰这种不安的方法上的变化而已。但是，这样的欺骗不可能长久，也无助于任何问题的解决。所以，人生必然会如火宅般不安，无论得到什么，带来的都只是瞬间的快乐，无法感受到发自心底的安心和满足。

人生目的就摆在眼前

如果把人的出生比喻为飞机从航空母舰上起飞，那么人生的艰苦拼搏就如同与乱气流、暴风雨的搏斗，与敌机的交战。当激烈的战斗结束，返回的时候却不见航空母舰的踪影，只有无边无际的海洋，而飞机又没有了燃料，那会怎么样呢？长时间的恶战苦斗究竟又有什么意义呢？简直是愚蠢！愚蠢至极……

[1] 译自日文版《思想录》（前田阳一、由木康译）。——译者注

大命将终，悔惧交至。

《大无量寿经》

“在临死的时候，后悔与恐惧的心情交替产生。”这里所说的无疑是飞机坠落大海时的心境。

对于飞机来说，没有比坠毁更大的事情了。同样，人生中没有比死更大的事情。因此这被称为“生死一大事”或者“后生一大事”。

两千年前，罗马思想家塞内加[1]曾说过：人在临终前都会这样想——这一生一直都是在虚度年华，追求的目标全是错误的。拥有才华、财产、权力，虽然会被他人所羡慕，自己却感觉不到愉快和满足。为什么没有去追求能从心底感到满足的幸福呢？留下的只有后悔和叹息。

当面对黑暗的后生（无明之暗）之时，人们必定会感到震惊、后悔，觉得“我的人生不应该是这样的”！

这是一个不到人生终结之时谁也意识不到的陷阱。正因如此，俄国小说家契诃夫[2]在其代表作《第六病室》中才会有“人生是个可恶的圈套”这样的表述吧。

世人薄俗，共诤不急之事。

《大无量寿经》

[1] 塞内加（约公元前4—公元65）：古罗马哲学家、诗人。——译者注

[2] 契诃夫（1860—1904）：俄国小说家、戏剧家，代表作品有《变色龙》《套中人》等。——译者注

释迦牟尼佛向世人敲响警钟："世上之人，一心只考虑眼前的事情，根本不知道破除无明之暗这一人生大事。"

亲鸾圣人也明确地告诉我们，苦恼的根源是无明之暗，而破除这个无明之暗，得到无尽的法悦，就是人生的目的。可见圣人的教导是何等纯正、真实。

如果知道了这生死一大事，是否存在人生目的之类的争论必然会消失得无影无踪。

因为人生的目的就摆在眼前。

第 7 章

“王舍城的悲剧”与人生目的

1

难思弘誓，渡难渡海大船。

《教行信证》

“弥陀的誓愿是一艘大船，它能够破除无明之暗，使我们心情明朗而愉快地渡过波涛不断的人生苦海。乘上这艘大船就是人生目的。”

在《教行信证》的序文中，亲鸾圣人首先为我们指明了人生的目的。之后，圣人讲述了释尊在世时，韦提希夫人被载上弥陀的大船，圆满地实现了这个人生目的的一段史实。

这是发生在王舍城的一个悲剧，韦提希夫人就是其中的主人公。

故事的情节大体如下。

2

大约2500年前，印度最强大的国家是频婆娑罗王统治的摩竭陀国。他称王称霸，威震四方。王后被称为韦提希夫人，据说美艳如花。国王夫妇居住在王舍城中，他们看起来无比幸福，其实却有着难以启齿的苦恼。

因为他们久不生子。当然，世上有许多夫妻为没有孩子而苦恼，然而，对统治者来说，无后似乎更是一个严重的问题。因为他们害怕自己去世以后，权力被别人夺走，而且会遭受报复。频婆娑罗王夫妻虽然权倾天下，但随着年龄渐老，对前途的忧虑不安非同寻常。心灵的不安往往会迷惑人的理智。苦恼地思来想去，这个最高统治者最后也只好把希望寄托在占卜问卦上。

算命先生听完国王夫妇恳切的愿望，沉思片刻，神乎其神地说道:“大王不必担心，太子很快就会诞生。”

国王夫妇惊喜地探身问道:“噢，是真的吗?”

“据我看来，在深山老林里长年苦修的一个老人寿命终结之时，就是太子诞生之日。”

国王夫妇听后，大喜过望:“那么，那个修行者的寿命还有多长?”

“还有五年。”

一听说还有五年，两人立刻转喜为忧。尤其是韦提希夫人非常沮丧。因为她已经快到不能生育的年龄，不能再等了，必须立刻就怀上孩子。韦提希夫人已经忍无可忍。

“那样的话，我可不行。有没有法子快一点?”

算命先生被夫人逼问，只好吞吞吐吐地说：“也不是……完全不行……可是……”

频婆娑罗王也迫不及待地问道：“那怎么办?”

“这……只要修行者早死……不，不，请陛下明鉴，我决不是那个意思。”算命先生拼命表白不是自己的主意。

“只要修行者早死……”国王自言自语地反复念叨着。

国王思来想去，拿不定主意，第二天召集重臣商议。

“我们也都希望继承者尽快诞生，但是恐怕不宜为此而杀死修行者……还是再等一些时候为好……”大多数臣子的意见还是不同意采取极端的行动。

“哦，大家都这么认为啊。”

当频婆娑罗王终于表示考虑大家的意见时，坐在一旁的韦提希急忙使劲拽了拽丈夫的衣袖，把他叫到旁边的屋子，情绪激动地训责丈夫：“您可要拿定主意啊!”

频婆娑罗王觉得奇怪，问道：“你为什么发这么大的火?”

韦提希气势汹汹地说：“您难道还不明白那些家伙的计谋吗?”

频婆娑罗王依然莫名其妙：“他们有什么计谋?”

“您还蒙在鼓里，什么也不知道!”

“什么蒙在鼓里? 究竟怎么回事?”

“再等五年，我还能生吗?”

糊涂的频婆娑罗王一下子醒悟过来，为自己没想到这一点感到羞愧。

韦提希立刻得意洋洋地乘胜追击："您难道还没觉察到吗？那些家伙都在盯着王位……"

频婆娑罗王终于明白事态的严重，但他还是劝慰妻子："也许的确如你所说的那样，可是……韦提希，那也不至于杀人吧……更何况他是一个修行者。"

但是，韦提希无论如何都想立刻怀孕生子，这种欲望如同熊熊燃烧的烈火，国王的劝说对她来说只能是火上浇油。

"您怎么能这么说?! 为了争夺一点点土地，您甚至发动战争，不知杀死了多少人。相比之下，我们这样做是为了后继有人，而且是大家都会高兴的事情啊。"

被妻子提起自己过去的所作所为，频婆娑罗王自觉理亏，无言以对。

这时韦提希说出她的真心话："这样做好像修行者很可怜，但是那个老人现在有什么乐趣呢？还不如转生为我们的孩子，他会多么幸福啊。让他去死不也是为他好吗？"

这种逻辑实在蛮不讲理。但是，历史已经证明，古今中外的统治者都是这样。凡是自己不满意的人、不服从自己的人，不问青红皂白，一律处死。可以说，韦提希夫人典型地表现出统治者傲慢残忍、冷酷无情的本质。

那美妙的声音，

是吃蜥蜴的杜鹃，

发出来的吗？

表面慈眉善目，其实心狠手辣，连蚂蚁也不敢踩的贵妇人却能生出如此狠毒的念头，这大概也是出于权力的残酷性吧。

频婆娑罗王在妻子的极力说服下，终于决定杀死修行者，于是亲自带领士兵进入深山。他看见一个老人坐在石头上闭目冥想，便态度蛮横地说道：“喂，修行者，还在努力啊。”

修行者睁开眼睛，抬头一看，见是频婆娑罗王夫妇骑着白象来访，大吃一惊：“这……国王、王后陛下，怎么大驾光临这深山……”

频婆娑罗王看着低头诚惶诚恐的修行者，傲慢地回答说：“我们特地远道而来，其实是为了你。大概你还不知道吧，你来世会变成我的儿子。我想，早一点成为我的儿子，对你有好处。”

频婆娑罗王的要求当然遭到修行者的断然拒绝：“谢谢您的这一番话，可是我不管下辈子生在谁家，修行未果，就不想去死。”

的确，不论身份多么低贱，也决不会有人服从这蛮不讲理的命令。但是，也不会有统治者容许不服从自己命令的人存在。

“不服从我的命令，就不许在我的国家里生存!”

频婆娑罗王勃然大怒，命令部下杀死修行者。即使是修行者，也一样珍惜自己的生命。他全身鲜血喷涌，怒不可遏地瞪着国王夫妇，留下一句悲痛的诅咒“此仇必报!”断气绝命。

3

不久，韦提希夫人怀孕了。王舍城内外都为即将诞生王位继承人而欢欣鼓舞。但是，只有韦提希夫人郁郁寡欢。尽管这是她盼望已久的孩子，却由于高龄分娩而感到惴惴不安，再加上预感到自己将会因为唆使丈夫杀害修行者而遭到报应，她终日胆颤心惊。

韦提希夫人白天黑夜耳边都响着修行者的那一句咒语，心惊肉跳，寝食不安。由于无法忍受心灵的折磨，她经常半夜推醒丈夫，诉说痛苦的心情:“我非常害怕，夜里一点都睡不着，也几乎没有什么食欲。不会是修行者作祟吧?啊，我害怕极了。”

韦提希夫人浑身哆嗦，紧紧抱着丈夫。频婆娑罗王只好努力安慰她:“别胡思乱想，这样伤身体。被杀的人都是那个样子的，谁还会说感谢的话啊。你是第一次看见那种场面，受了些惊吓而已……”

时光流逝，将近临产时，韦提希夫人身心越发憔悴，于是痛哭流涕地向丈夫说，再把算命先生叫来，让他指点。

“再叫他来一次，告诉我怀了什么样的孩子，也许这样我就能放下心来。”

频婆娑罗王束手无策，只好言听计从，立即叫来算命先生。算命先生皱着眉头说道：“您怀的肯定是太子，不过结怨太深。他成年以后，一定会加害你们的。”

“果然不出所料……”韦提希夫人对预感成为现实不寒而栗。她万万没想到，千辛万苦怀上的孩子，竟然是仇敌！不过，她根本没有认识到这是自作自受，自食其果。她千方百计地想要摆脱这个苦恼，又实在无计可施，最后想出了一个非常手段，并且迫使丈夫同意。

“我绝对不能把杀害父母亲的孩子生下来。这种东西，为什么要培养成人呢？趁着现在感情还不深，赶快把他弄死。把产房设在二楼，然后在下面的房间里摆上剑林，孩子一出生立刻就让他落下去。现在也只好这样了。”

频婆娑罗王犹豫不决，虽然觉得这样做未免太残忍，但最后还是同意了。

就这样，产期到来时，韦提希夫人就在事先预定的房间里分娩了。被逼得走投无路的人真不知道会做出些什么事情来。

> 必为业缘至，无事不为之。
>
> 《叹异钞》[1]

亲鸾圣人曾说过：“只要缘分到来，亲鸾我任何可怕之事都会做出来。”这无疑是所有人共同的实相。

[1]《叹异钞》：日本古典名著。据说由亲鸾圣人的弟子唯圆编著，其中写有他记录下来的圣人的话语。——译者注

也许这孩子与这世间真有缘分，他只是右手的小指被剑削掉，却奇迹般地保住了性命。当父母亲听到孩子清脆的哭声时，杀意顿时抛到九霄云外。毕竟是亲生的孩子，国王夫妇立刻给孩子取名阿阇世，如掌上明珠般精心抚养。当然，国王下达了严厉的命令，绝对不许把阿阇世太子出生的经过泄露出去。

4

阿阇世生性凶残，殴打父母亲以及身边的人是家常便饭，随心所欲地杀害臣仆，草菅人命，而且出言不逊，粗暴谩骂，撒谎欺骗，骄奢淫逸，无恶不作。臣仆们胆颤心惊，国家实权逐渐被阿阇世掌握。

频婆娑罗王和韦提希夫人看着这残暴不孝的儿子，终日战战兢兢，提心吊胆，想到自己的将来暗淡无光，便强烈希望找到心灵的安宁。黑暗的心渴望光明之灯。他们开始悄悄地寻找真正的幸福。果然，有追求就能得到，他们不久即遇到了巡回说法的释尊。

释尊的说法如同久旱的甘霖，深深沁入频婆娑罗王和韦提希夫人的心田。

"只有这位圣者才是照亮我们心灵的明灯。"他们深深感动于深邃广博的教理，很快就虔诚地皈依释尊，守护佛法。

由于国王夫妇皈依佛教，聆听释尊教诲的人急剧增加。但是，"木秀于林，风必摧之"，各种各样的佛敌也随之出现了。

其中最著名的是提婆达多。他是净饭王（释尊之父）的弟弟白饭王的长子，释尊的堂兄弟。提婆原本就爱出风头，对释尊的声名鹊起感到不快，一直密谋策划杀死释尊，自己成为新佛取而代之，夺取教团。这是潜藏在每个人心中的嫉妒之毒火，它会变成燎原的烈焰，烧毁一切。

有一天，他从山上把石头推下去，企图暗杀路过的释尊，但只是砸伤了释尊一只脚的小指头。后来，他又让野象喝酒，驱使野象去踩死释尊，也没有成功。那些翘起长鼻、震撼大地狂奔的野象一看见释尊温和慈祥的面容，就立刻垂下鼻子，屈膝下跪，没有施加任何伤害。

提婆达多谋害释尊的阴谋一次又一次地失败。但是他不肯善罢甘休。

“释迦的那股力量究竟怎么来的？肯定是因为国王夫妇的皈依。如果是这样，要消灭释迦，就要先摧毁他们。可他们是最高统治者，有什么妙计呢？”

提婆苦思冥想，突然一拍大腿，说：“有了！”原来他想到了阿阇世，“这家伙正好派上用场。”

提婆知道阿阇世出生的来龙去脉，于是巧妙地接近他，像善于表演的名角那样充满自信，游刃有余。年轻单纯的阿阇世完全中了提婆的诡计，对他言听计从。

有一天，两人单独在一起的时候，提婆说道：“太子，您知道您右手的小手指为什么没有了吗？”

阿阇世懂事以后，曾经问过别人自己的右手为什么没有小手指，但谁也没有告诉他。所以一听到提婆提起小手指，就显得异常关心，神情专注。提婆觉得猎物似乎已经走近自己设下的陷阱，于是抓住时机，信口开河，添油加醋地编造故事，挑拨离间，煽动阿阇世走上更加可怕的邪恶之路。

“您的父母亲不但杀害了前世的您，而且今世也想杀害您。这小手指就是铁证。”

提婆的话说得有根有据，阿阇世怒不可遏，马上命令臣仆把父王关进监狱，断绝一切饮食，要把他饿死。

可怜的频婆娑罗王，刚才还贵为一国之君，现在却变成了囚徒。

虽然经常听释尊说世事无常，但是自己的悲惨遭遇实在超乎想象。昨天今日，天壤之别，频婆娑罗王亲身体验到佛说的真实，痛不欲生。他从监狱窗口向着释尊所在的灵鹫山合掌膜拜，一心请求聆听获得心灵安宁的教导。

释尊获悉频婆娑罗王的请求，便派最具神通力的目犍连和最善于说法的富楼那前往。在监狱里，两位释尊弟子对频婆娑罗王谆谆教诲因果的道理：“种瓜得瓜，种豆得豆，一切的结果都是源于自己播下的种子。”直到这时，频婆娑罗王才知道自己犯下的恶业多么可怕，流下痛苦忏悔之泪。

另一方面，韦提希夫人一心惦念狱中的丈夫，每天洗净身体，把荞麦面抹在身上，把葡萄酒藏在装饰品里，以王后的身份进入戒备森严的牢狱，把这些食物带给丈夫。由于释尊弟子的教诲和韦提希夫人的暗中照料，频婆娑罗王总算保持了身心的健康。

阿阇世对此一无所知，过了三个星期，以为父亲已经饿死了，可是一询问，牢卒却说出了令他始料未及的事情。阿阇世闻之当即大发雷霆:“包庇我的仇人的家伙，即使是我的母亲，也同样是我的仇人!”

阿阇世拔剑逼向母亲。

提婆的计谋眼看就要得逞。

左右惊愕万分。

大臣月光和名医耆婆用身体挡住阿阇世，劝谏道:“有闻弑父篡位者，未闻戕害生母者。若犯如此大罪，我等以死相谏。”

臣子死谏，阿阇世只好把剑插回剑鞘里，用气得发抖的声音严厉命令道:“免她一死，但要关进七重大狱。”

阿阇世怒气冲冲地离去。

5

韦提希夫人被自己一手抚养成人的亲生儿子关进监狱，身心憔悴，苦不堪言。她用拳头使劲敲打昏暗的墙壁，疯狂般地哭喊，发泄对儿子的愤怒、对提婆的憎恨、对丈夫的牵挂之情。然而，这恸哭叫喊的声音只是无谓地在牢房里回荡。

韦提希痛苦得脸都扭曲了，她只好把最后的希望寄托在释尊身上。她拼命地恳求拯救，但实际上内心充满了抱怨。

“佛祖啊，我这样受苦受难，您怎么还不来啊?”

她的心里无疑满含着“我一直以来为佛法尽了多少力啊”

的强烈自负。

这个时候，释尊正在讲说《法华经》。他在开始讲经之前强调:“今天要讲说重要的教义。”众人正聚精会神地听讲。然而，就在这时，释尊心中听到了韦提希夫人悲痛的哭喊。洞察到韦提希内心的一切，释尊立即停止讲经，亲自降临王舍城。这确实非同寻常。

为什么释尊会断然作出这样的举动呢?

与在岸上玩耍的小孩相比，先去拯救溺水者才是当务之急。这正是佛的大慈大悲的表现。同时，这个举动也证明，对韦提希夫人所说的弥陀的誓愿，才是释尊出世本怀中的本怀。

当韦提希知道释尊中断讲法特地前来时，本应流下感激的泪水，但从她嘴里说出来的却依然只有怨言。

“没有比我更倒霉的了。那么辛辛苦苦养育成人的儿子，现在反过来这样虐待我。我到底干了什么坏事啊?真正可恶的是那个阿阇世。我怎么会有这么个不孝之子啊?!”

释尊只是静静地听着韦提希喋喋不休的哭骂抱怨。

韦提希继续说道:“其实阿阇世原本是一个老实的好孩子，都是那个大坏蛋提婆挑拨离间。最坏的是那个提婆。没有他，就不会发生这种事。”

接着，韦提希竟然莫名其妙地迁怒到释尊身上。

“还有，佛祖为什么和提婆是堂兄弟呢?都是因为您太伟大了，才使得提婆嫉妒，设下这个圈套，结果连累到我们……”

韦提希将女人常有的这种逻辑奇怪的怨言大发一通，呜呜哭成一个泪人。

如果要韦提希说出心里话，大概会是这样的：“我之所以这样遭罪，都是因为这个儿子。这个儿子之所以作出这样狠心的行径，都是因为那个提婆。提婆之所以设下这种毒计，就是因为您。所以，归根结底，我之所以这样受苦受难，全是您造成的。”

韦提希一边请求释尊“救救我吧”，一边却把怨恨发泄在释尊身上，然而她对此毫无察觉。释尊听着她愚蠢而可悲的怨言，依然用半开半阖的佛眼，充满慈爱地静静注视着她。这就是“无言的说法”。因为释尊比谁都清楚，有时候沉默胜于雄辩。

人往往只对现在出现的结果感到震惊，却几乎完全没有意识到过去自己播撒的种子。像王舍城的悲剧这样典型地显示出人的愚蠢、脆弱、自私任性的例子恐怕不多。

韦提希再三再四地恳求释尊说一句话，即使不是安慰的话，那样也会使自己的心灵得到巨大的安慰，但是释尊依然默不做声。不知道他是否在听，不置可否，不声不响，就像一次次抛过去的球反弹回来一样。韦提希心烦意躁，陷入更加悲哀的深渊。

终于，韦提希精疲力竭，她不顾一切地匍匐在地恳求：“我生到这世上究竟为了什么啊？这么痛苦、这么可怕的人生，这个世间就是地狱。我来世决不想再看见这种地狱。让我到没有痛苦的世界去吧。”

听到韦提希热切的恳求，释尊终于开口，他从眉间的白毫放射出光明，展现十方诸佛的国土叫韦提希看。

“啊，多么美好的世界……”韦提希仔细看着这些国土，双眼发亮，向释尊请教，“十方诸佛的国土都是非常好的地方，但是我想生到诸佛之王阿弥陀佛的净土。请您教导我，我该怎么办?”

释尊的唯一目的就是让韦提希产生“想要生在弥陀净土”的愿望，所以听到她这么说，脸上第一次露出满意的笑容。

之后，释尊所讲的正是《观无量寿经》的教义。

6

“韦提希啊，你所仰慕的阿弥陀佛在离此不远之处。如果你睁开心眼，就会发现他总是近在身旁。你要一心一意、持续不断地想着弥陀及其净土。我将通过各种比喻，为你以及未来的人们，指明往生弥陀净土的方法。”

在《观无量寿经》的说法中，释尊首先劝韦提希夫人行善。

这就是“定善”和“散善”。

所谓“定善”，就是抑制妄念，心念弥陀及其净土的坐禅或者观法。因为有十三种，所以称为“定善十三观”。与之相对的是，即使心散神乱，也努力弃恶行善，这就是“散善”。比如不吃鱼肉等荤食、不撒谎等行为上的努力精进。这有三种，所以称为“散善三观”。静心凝神之行善叫做

“定善”，散心乱神之行善叫做“散善”。

见到阿弥陀佛净土的韦提希夫人之所以说“我想去弥陀净土，请您教导我，我该怎么办?”是出于“只要您教我，我什么都可以做到”的自信心，或者说自负心吧。她做梦也想不到自己是只能造恶之人，除了地狱别无去处。

这没有自知之明、不知道自己真实面目的心也是“无明之暗”(详见第19章)。前几章已阐述过，“无明之暗”是苦恼的根源。观念的游戏是无法破除这黑暗的。

释尊清楚地知道人的实态是只有自负之心，所以从一开始不说“你只会作恶，岂能行善”，而是告诉她“如果你认为做得到，那就试一试吧”，让她实践定善十三观。

在明知她做不到的情况下，释尊从第一观开始劝她：“如果这做得到，就会消弥罪孽，进入弥陀净土。好，你就试试看吧。”

但是，韦提希越想认真地集中心神，就越冒出对阿阇世和提婆的憎恨愤怒，一个善也做不到。这是当然的。韦提希心里只有欲望、愤恨和抱怨，不可能有做得到的善。

有人大概会有疑问：释尊明知不行，为什么还要让她做这种不可能的事呢?

要让自以为想行善就能行善的自负之人认识到自己其实什么也做不到，除了让他亲自实践之外，没有别的方法。韦提希完全遵从释尊的教导，最终知道自己其实是无法获救之人，坠入了苦闷的无底深渊。

释尊知悉韦提希的内心，高兴地知道向她阐述“弥陀誓愿”的时机已经到来。因为“弥陀誓愿”正是针对这样的苦恼之人。

释尊在即将开始讲解第七观华座观之前，对韦提希说：“韦提希，你要认真地听。”让她集中精神，接着说道：“现在开始讲消除你的苦恼之法。”

就在此时，释尊忽然消失，金光灿烂的阿弥陀佛出现了。

韦提希看到那金光灿烂的佛身的同时，无明之暗立时烟消云散。她万分喜悦，激动得热泪流淌，心中唯有对弥陀广大无边的拯救的无限感激。

“啊，多么不可思议。像我这样不可救药的万恶不赦之人……这一切都是弥陀誓愿的不可思议……”

释尊的“除苦恼法”就是破除无明之暗这个苦恼的根源、使我们实现人生目的的“弥陀誓愿”。

“谢谢你们啊！太感谢了！阿阇世、提婆哟，如果你们没有这样对待我，我就不能听到佛法。我憎恨别人，诅咒别人，简直不知道自己是个什么人。世上没有比我更罪大恶极的人了。”韦提希夫人对阿阇世、提婆也不由自主地合掌感谢。

正如经中所言，“见佛身者得佛心”。

《观无量寿经》的定散十六观（定善和散善），正是释尊为了引导人们得到“弥陀誓愿”拯救的最理想的教导。

韦提希夫人被载上“渡难渡海大船”，达成了人生目的，充满憎恨和诅咒的黑暗人生立刻转变为忏悔与感谢的光明人生。阿阇世也对母亲的彻底变化大吃一惊，他忏悔自己过去的大罪，虔诚地皈依了佛法。

> 与韦提等获三忍。
>
> 《教行信证》

亲鸾圣人明确指出：“不论什么人，只要被不可思议的弥陀誓愿所拯救，就会和韦提希夫人一样得到三忍（实现人生目的）。”

第8章
“诚哉！”
完成人生目的的宣言

惊天动地的世界

在陈述了对王舍城悲剧的感想后，亲鸾圣人又以一段充满激情的文字表述了自己被救摄的亲身体验和对弥陀的感谢之情。

> 噫！弘誓强缘，多生叵值；真实净信，亿劫叵获。遇获行信，远庆宿缘。
>
> 若也此回覆蔽疑网，更复径历旷劫。
>
> 诚哉！摄取不舍真言，超世希有正法。闻思莫迟虑。
>
> 《教行信证》

“啊……这是多么不可思议！在兆载永劫的时间里，在多生多劫的轮回中，亲鸾我终于得到了追寻已久的充满欢喜的生命。我清楚地知道了这完全是依靠无比强大的弥陀之愿力，从内心深处感激不已。如果今生不能破除无明之暗，未来永劫，我必将永远都得不到拯救。我必须尽快把弥陀的誓愿告诉大家，让大家都知道这广大无边的世界。”

对一般的读者来说，这段话可能罗列了不少生疏的词汇，下面将作详细解释。

“噫!”表达的是难以言表的感动，是圣人出于从未体验过的惊喜而发出的感叹之声。

“弘誓强缘”指的是阿弥陀佛所许下的强烈的誓愿，在誓愿中，弥陀说一定要斩断痛苦的根源，使我们实现人生的目的。而“真实净信”指的就是，弥陀的这一誓愿完全在自己身上得以实现，痛苦的根源被斩断，人生目的业已完成的“欢喜的生命”。

得到了这欢喜的生命，亲鸾圣人才知道这绝不是追求一二百年就能够得到的那么渺小的幸福，于是他感慨地说道“多生亦难遇，亿劫也难得”。获得了追寻多生亿劫也从未得到过的无比珍贵的幸福，圣人发出“啊!”的惊叹也是理所当然。

同时，圣人从内心深处感受到弥陀自遥远的过去以来对自己的深切关怀，于是情不自禁地感动涕泣:“遇获行信，远庆宿缘。”

山高则谷深。被拯救的山越高，越是对无明之暗的深谷不寒而栗。接下来，亲鸾圣人不由地感叹:

"若也此回覆蔽疑网("疑网"是指苦恼的根源"无明之暗"),更复径历旷劫。"

"如果今生无明之暗不能被破除,未来也肯定会一直痛苦下去。这真是太可怕了!"

读到这里,亲鸾圣人闭目合掌,沉浸在法悦之中的身影仿佛浮现眼前。

最后,圣人说道:"诚哉!摄取不舍真言,超世希有正法。闻思莫迟虑。"

"真的!这是真的。弥陀誓愿不是谎言。希望大家都能听到弥陀的誓愿,我亲鸾就是活证人。一心只愿大家尽快知道弥陀誓愿的真实。"

这段充满了感激的表白告诉我们:依靠弥陀的力量,亲鸾圣人实现的不仅是"今生",而且是"多生永劫"的目的。

闪耀着幸福光辉的"乘船记"

亲鸾圣人将弥陀的誓愿称为"渡难渡海大船",并这样描述被弥陀救摄的喜悦:

> 乘大悲愿船,浮光明广海,至德风静,众祸波转。
>
> 《教行信证》

"乘坐在大悲愿船上看到的人生苦海,不正是波光粼粼的光明广海吗?如同一帆风顺的航海,活着是多么美好啊。"

这可以说是圣人闪耀着幸福光辉的“乘船记”。

“乘大悲愿船”，就是“如弥陀的誓愿所言，成就了人生目的”的充满喜悦的宣言。

显然，人生目的绝不是模糊不清的。

“浮光明广海”，是形容黑暗的人生转变为光明人生的喜悦。只有在漫漫长夜里为“黑暗”痛哭过的人，才会有遇见“光明”的欢笑；只有在苦海中“沉没”过的人，才会有“浮上”光明广海的欢喜。

为什么无论多么痛苦也要活着？这个最重要的问题，人们却不知道答案。如果只是为活着而活着，那和养在饭馆水槽里的鱼又有什么两样呢？如果活着只是为了等待死，这样的人生自然就是“沉没”在苦海中。

亲鸾圣人曾经因不知道人生的意义而极其痛苦，但是自从他浮上充满光明的广海，就从心底感受到了“啊，生到这世上真好”的生命的喜悦。那么，他所体验到的如光明广海般的人生又是什么样的呢？

“至德风静，众祸波转。”圣人的回答充满自信、言简意赅，洋溢着满心喜悦和能够战胜任何艰难困苦的坚强意志。

关于“至德风静”的世界，圣人这样描述：

五浊恶世之众生，
若信选择之本愿，
不可称说不思议，

功德充满亲鸾身。

《高僧和赞》

“满身是恶的亲鸾在无明之暗被破除以后，全身心总是充满着用语言无法表达的喜悦。”

亲鸾为自己被弥陀誓愿所拯救而欢欣不已，对赐予自己永恒幸福的弥陀，情不自禁地合掌感谢。今天这一天无比宝贵，现在的一呼一吸更令人感激不已。呼气吸气都觉得不可思议。越是看到自己毫无喜悦之心，就越感受到被救的喜悦。

这是大火烧不毁、洪水冲不走、盗贼偷不去，无论何时都溢满全身的无比的幸福。圣人自豪地高唱：“不可称、不可说、不可思议的功德，充满亲鸾之身。”

那么，“众祸波转”是什么意思呢？

亲鸾圣人90年的生涯可谓“波澜万丈”。圣人经常受到嘲笑、辱骂、镇压、迫害，总是成为众矢之的。然而，即使受到这样炮火密集的攻击，他依然向尊严无二的生命合掌感谢：

诚念佛恩深重，不耻人伦哢言。

《教行信证》

“亲鸾我沐浴着弥陀广大无边的恩德，却不能回报其万一，我这样子是鬼还是恶魔啊，无论如何也不能贪图安逸。”

感泣于深远的佛恩，亲鸾圣人以忏悔和欢喜的心情渡过难渡海，无论多么汹涌的波涛都不能阻挡他的前进。不仅如此，痛苦折磨圣人的万丈波涛，也全部转化成了幸福喜悦的源泉（后文详述）。

苦海人生有大船

人活着，就好像漂浮在只能看见海水和天空的大海里，为了寻找附近的圆木、木板等救生之物而拼命地游泳。四周的人们，有的在风浪里苦苦挣扎；有的因失去了救命的圆木，苦涩的海水灌进口鼻而痛苦不堪；有的眼看就要被淹死，还有许许多多已经成为了溺死者。而政治、经济、科学、医学、艺术、文学、法律等等，就如同各种各样的教练，努力地为在风浪中挣扎的人们教授游泳的方法。

但是，“该往哪里游?”“活着的目的是什么?”对于方向这个最关键的问题，却根本无人论及。人们何时才能意识到这一点，对此感到惊讶呢? 这是世上最不可理解的事情，人类的不幸莫过于此。

生死苦海无边际，
旷劫沉没之我等，
唯有弥陀弘誓船，
载上必定来相渡。

《高僧和赞》

“长久以来我们一直漂泊于无边的苦海，只有大悲愿船才必定载上我们渡到彼岸。”

一浪接一浪，浪高船亦高，正是亲鸾圣人明确指出了这艘救助大船的确切存在及其方位。

第9章

生命的大欢喜
——人生为何宝贵？

始于“庆哉”，终于“庆哉”

这是个提到“人生的目的”就会被视为老派的时代。那么，如果谈论“多生永劫的目的”，又会遭到怎样的评价呢？恐怕是要被讥笑“那才真是老古董了”，所以本书尽可能只用“人生的目的”这种说法。其实，真正的人生终极的目的，不只是这一生一世的目的，而是贯穿过去、现在、未来的永恒生命的目的。佛教说，我们自从无始的过去以来，就作为无数种类的生命无限地流转轮回到今天。这无量劫以来重复着无数次生死的生命，只是为了达成一个目的而存在，那就是——得到弥陀誓愿的拯救，获得绝对的幸福。这贯穿着整个永恒生命的目的，只有作为人活在人世的时候才能够完成。所以，我们的人生无比宝贵。洋溢在亲鸾圣人著作中的喜悦，也正是源自于圆满达成了这永恒生命的目的。

这样的欢喜将持续到永久，而兴趣爱好，或是那些能够使我们感受到人生价值的东西，它们所带来的喜悦都无法持久，很快就会褪色。

“你至今最高兴的事是什么?”“你什么时候觉得最幸福?”面对这样的问题，有多少人能立即回答呢?“呀……让我想想，有过什么幸福的时候吗……”曾有过的快乐留下的只是些模糊的记忆，恐怕这就是实际情况吧。有的年轻人回答说“睡觉的时候是最幸福的吧”，这充分暴露出兴趣爱好带来的快乐是多么短暂而空洞。

但是，《教行信证》却始于“庆哉”，终于“庆哉”。

文艺评论家龟井胜一郎惊叹道:“整部《教行信证》响彻着无比喜悦的声音。”就让我们来听一听圣人这惊天动地的喜悦之声吧。

在这里，我只介绍《教行信证》的总序和后序。

> 爰愚秃释亲鸾，庆哉！西蕃月氏圣典，东夏日域师释，难遇今得遇，难闻已得闻。敬信真宗教行证，特知如来恩德深。斯以庆所闻，叹所获矣！
>
> 《教行信证·总序》

“啊，亲鸾我多么幸福啊。究竟是什么阴差阳错，让我遇到了这绝对遇不到之法，听到了这绝对听不到之事。不论释尊讲述的弥陀誓愿多么宏伟，如果无人相传，无明之暗又怎么可能被破除。

“虽然佛法广为传播，讲说弥陀誓愿不可思议的人却甚为罕见。但是现在亲鸾我听到了这罕见的，讲说弥陀誓愿的印度、中国、日本高僧们的教导。这是何等难以言喻的幸福！这是多么无与伦比的喜悦！我深切感受到阿弥陀如来的深厚慈恩，如何才能将这弥陀的誓愿传达给他人呢?”

亲鸾圣人首先这样表述自己撰写《教行信证》的心情，之后开始了《教行信证》全六卷的写作。

生命的大欢喜

感泣于弥陀深恩，圣人以一字一泪的心情撰写《教行信证》。最后，他执笔写下了这样一段话。

> 庆哉！树心弘誓之佛地，流念难思之法海。深知如来矜哀，良仰师教恩厚。庆喜弥至，至孝弥重。……唯念佛恩深，不耻人伦嘲。若见闻斯书者，信顺为因，疑谤为缘，信乐彰于愿力，妙果显于安养矣。
>
> 《教行信证 · 后序》

“古时候，楚国有一愚人，把家中珍藏的宝剑偷偷拿出来，在行驶于急流的船上想试验宝剑的锋利。但由于用力过猛，剑落入水中。因水流湍急，小船依然顺流直下。楚人惊骇，立即用小刀在落剑处刻舟为记号，自言自语道：‘这就放心了，知道剑是从哪里掉下去的。'他不知道舟行剑不动，自以为万无一失的刻印其实早已偏移，根本就无从依凭。然而，又有几人能嘲笑这个楚人呢?

"倚仗钱财者，失去钱财则衰微破败；倚仗名誉地位者，失去权势则一落千丈；倚仗父母子女者，失去亲人则一蹶不振；倚仗信念者也如此，信念动摇则根基崩溃。

"树心于终将崩溃的事物上的人生，如履薄冰一般。然而，亲鸾树心于不倒之佛地，即使释尊、善导[1]、法然都动摇了，也丝毫不会撼动我于不可思议的世界获得的无上幸福。由此愈发深刻地感受到阿弥陀如来的慈爱之深，对师教之高恩厚德益加景仰心折。

"无限的喜悦使难报大恩以万一的亲鸾感激涕零。只要一想到弥陀的大恩大德，从世人那里所蒙受的一切耻辱都算不了什么。

"读此书者，当有人信顺，亦有人诽谤。但无论如何，都希望他们以此为因、为缘，得遇弥陀的拯救，获得未来永恒的幸福。"

亲鸾圣人用上面这句话结束了《教行信证》。

"难遇今得遇"；"难闻已得闻"；"叹所获"；"庆喜弥至，至孝弥重"，这些断言完全不是"我想"、"我以为"之类暧昧含糊的词句，溢满圣人全身的、如火般炽热的法悦从中喷薄欲出。

下面这首"恩德赞"也生动地表达出了圣人得救后的

[1] 善导（613—681）：中国净土宗的集大成者，主要著作有《观无量寿经疏》《往生礼赞》等。——译者注

心情。

如来大悲之恩德，
即使粉身亦应报；
师主知识之恩德，
即使碎骨亦应谢。

《正像末和赞》

“弥陀和师教的大恩大德，即使粉身碎骨也不足以报答。我身懈怠，无法报谢其丝毫，不禁昼夜哭泣。”

如果不是遇到了弥陀绝对的拯救，苦恼的根源（无明之暗）被斩断，实现了多生永劫的目的，就不会有如此炽热的知恩、报恩的法悦吧。

第10章 关于有无人生目的的激烈冲突

终生求道是美好的吗？

“什么？人生有目的？还能完成？”几乎所有的人都会感到惊讶。这也是可以理解的。因为“人生不可能有目的，更不可能会有完成”这样的观念已成为一般常识。

的确，学问、艺术、科学、医学、围棋、象棋、剑道、柔道、书法、茶道、花道等都是学无止境的，无论怎么刻苦钻研都既不能毕业，也无法完成，所以理所当然地被称为“至死求道”。试举一例：

1998年日本CD歌曲专辑销售量的第一位和第二位都被摇滚乐队B’z[1]独占。2000年该乐队的专辑总销售量突破七千万张，这相当于全美唱片发行史上的第五位。但是，乐队的

[1] B’z：成立于1988年，成员为松本孝弘和稻叶浩志两人。——译者注

主唱稻叶浩志对此并不满意，他在专辑 *SURVIVE* 发行后接受记者采访时这样说道：“录制唱片也好，巡回演出也好，在全身心投入的时候，都觉得这一次是最好的。可结束以后，不知道为什么总觉得还差得很远。”

不仅仅音乐是一条没有尽头的道路，学问、艺术、体育都无止境，没有所谓真正完成的终点。

“这样才好，要是认为已经完成了，就不会有进步。”

“至死求道才是最美好的。”

大多数人肯定都会这么说。然而如果稍微冷静地想一想，就会立刻明白，所谓“至死求道”，其实就是毕生去追求百分之百得不到的东西，对这种行为的礼赞，显然是毫无意义的。因为追求应该以“追求得到”作为前提。

明知“绝对追求不到”，却还要至死追求，这与明知是去年的过期彩票却还要不断购买没什么两样。怎么能说“这样就好”呢？

大概还有人会坚持说：“其实追求不到也没关系，追求至死不断提高的过程本身就是美好的。”然而，在这个过程中感受到的充实只是暂时的，很快就会黯然失色。它与“生而为人真好”的生命喜悦有着本质上的差别，绝非是实现了真正的人生目的的喜悦。

不要让人生留下后悔

亲鸾圣人曾经针对“有无人生目的”这个问题进行过激

烈的争论。关于这场争论，觉如上人（亲鸾圣人的曾孙）在《口传钞》中有过记述，其开头部分这样写道：

> 体失不体失往生之事。圣人（亲鸾）言，先师圣人（法然）之时，曾有法文之大争论。
>
> 《口传钞》

亲鸾圣人还在法然上人门下做弟子的时候，曾经和同门法友激烈争论过“人生目的”的问题。

圣人主张人生“有”目的，而善慧房证空一口咬定人生“没有”目的。圣人主张“人生目的就是依靠弥陀誓愿得到拯救，成为大满足之身”，而善慧房则坚持说“人在活着的时候，怎么可能得到弥陀的拯救”，所以双方的冲突在所难免。

这就是今天所说的“体失不体失往生之争论”。

因为善慧房说“弥陀的拯救不是在活着的时候，而是在死后”，所以他的观点被称为“体失往生”。所谓“体失”，就是“失去肉体”，即“死后”。所谓“往生”，指的就是“弥陀的拯救”。

与善慧房的观点针锋相对，亲鸾圣人主张“人生的目的就是得到弥陀的拯救”，所以圣人的主张被称为“不体失往生”。所谓“不体失”，就是“肉体不失”，即“活着的时候”。

于是，主张人生“有”目的（弥陀拯救）的圣人与主张人生“没有”目的的善慧房展开了激烈的争论。

众多法友在这场论战中产生了激烈的思想动摇和混乱。因为这是一个今生今世究竟能否得到弥陀的拯救，换言之，是究竟有没有人生目的的大问题。谁对谁错，他们只好向老师请教。

法然上人在仔细听取了争论的来龙去脉之后，作出这样的判断:“活着的时候不能得救，并非弥陀的誓愿。在此生即救摄为大满足之身，才是弥陀的誓愿。所以人生具有非常重要的目的。阅看经文就会明白。”

这就是亲鸾圣人一生中的三大争论（三次关于佛法的大争论）之一，体失不体失往生争论的结局。

善慧房之所以错误地认为“活着的时候不可能得到阿弥陀佛的拯救”，肯定是因为他自己既没有无明之暗被破除的巨大喜悦，也没有获得被拯救的大满足。他对“弥陀拯救”的认识，只是停留在兴趣爱好、人生目标这种程度上，所以一意坚持“至死也不可能完成”的观点。他与圣人对抗一事也是可以理解的。

但是对于善慧房的错误主张，已经圆满实现人生目的的圣人不可能听之任之。圣人考虑的，不仅是作为法然上人高足的善慧房所具有的影响力，还有善慧房自身的幸福。

如果人生没有目的，换句话说，如果今生没有弥陀的拯救，那么人就等于是为痛苦而活着。

长寿社会还在继续发展，然而长寿是否就能带给人们幸福呢？有些人想着等到老年再享受美食，一直拼命地工作，却因为患上了糖尿病，有好东西也吃不了。有些人买了漂亮的衣服打算出外旅行时穿，却因为半身不遂，动弹不得。等到住进医院，孩子们前来探视，却没完没了地询问银行存折放在什么地方，眼睛里只有自己的钱财。“辛苦了一辈子，到底是为了什么啊!”最终只有流着眼泪死去。

> 呼吸之顷，即是来生。一失人身，万劫不复。此时不悟，佛如众生何。愿深念于无常，勿徒贻于后悔。
>
> 《教行信证》

“呼吸一停，即为来生。今生永远不复还。如果现在不实现人生目的，还要等到什么时候呢？什么时候才能实现呢？唯一的机会就是现在。凝视时时刻刻逼近的无常，绝不能留下后悔。”

面对善慧房的错误主张，亲鸾圣人坚决地挺身而出，展开了体失不体失往生的争论。可以说，这场争论正是断言人生“有”目的的圣人与主张人生“没有”目的的法友之间的决斗。

第11章

开启人生目的之门的钥匙

“一念”与“二种深信”

对于无明之暗已被破除，人生目的业已完成的世界，亲鸾圣人用“一念”这个词来表述。

圣人把无明之暗称为“二心”，这样说道：

> 言“一念”者，信心无二心，故曰“一念”。
>
> 《教行信证》

“一念，指的是无明之暗业已消失的心。”

黑暗一旦破除，就变得光明，以前看不见的东西，现在能够看得清清楚楚。那么无明之暗一旦被破除，会明确什么事情呢?

就是“真实的自我”和“弥陀的誓愿”。由弥陀的力量明确知晓这两件事被称为“二种深信”。所谓“深信”，在这里是“明确知道”的意思。由于“自己”被称为“机”，“弥陀誓愿”被称为“法”，所以“二种深信”又被称为“机法二种深信”。

亲鸾圣人所说的弥陀拯救（一念），就是指依靠弥陀的力量“得知真正的自己”（机的深信）和“得知弥陀誓愿的真实”（法的深信）。不明白这“二种深信”，就绝对无法理解圣人的信仰。下面引用原文[1]：

［机的深信—明确知晓自己的真实面目］

> 深信：自身现是罪恶生死凡夫，旷劫已来常没常流转，无有出离之缘。

“明确知道了：自己是无论过去、现在、将来都绝对无法得到拯救的罪大恶极之人”，称为“机的深信”（从第14章开始详述）。

[1] 二种深信的原文是中国唐代高僧善导大师在《观无量寿经疏》中所写，亲鸾圣人将其引用在《教行信证》中。——译者注

［法的深信—明确知晓弥陀誓愿的真实］

深信：彼阿弥陀佛，四十八愿，摄受众生，无疑无虑，乘彼愿力，定得往生。

“明确知道了：拯救所有的人，使我们今生直至未来都获得绝对幸福的弥陀誓愿是真实的”，称为“法的深信”（从第20章开始详述）。

所谓“深信”

这里所说的“深信”，并非望文生义所理解的“深深相信不怀疑”的意思。“深信”与“相信”含义不同。什么地方不同呢？

我们说“相信”，其实是因为心中存有怀疑，如果毫无怀疑的余地，就会说“知道”。被火烧伤的人不会说“我相信火是热的”，因为他通过自己的亲身体验已经明确知道这一点。如果校长说“我相信本校不存在欺负同学的现象”，那是因为他还是怀疑可能存在这种现象。

而“深信”，是指依靠弥陀的力量得以明确知晓，再无丝毫怀疑。所以亲鸾圣人说“真知”，莲如上人（亲鸾圣人的后裔，净土真宗中兴之祖）说“今方已明知”。这“真知”、“明知”与“抑制疑心，努力相信”是截然不同的。

在圣人的著作中，充满着对“二种深信”——依靠弥陀的力量明确知晓“真实的自我”与“弥陀的誓愿”——的赞美。如果不了解“二种深信”，就肯定无法理解以《教行信证》为首的圣人的所有著作。即使有缘阅读，也只会产生误解、曲解。

以下将详述何为“二种深信”。

第12章

自我——以为知道，却一无所知

认识你自己

亲鸾圣人说，无明之暗一旦消失，就会明确两件事情。其中之一就是“真实的自己”。

真正的自己是什么样的呢？因为是关乎自己本身，所以没有比这更重要的事了。蒙田[1]说：“天下最大之事就是认识自己。[2]”德国哲学家卡西尔[3]在《人论》这本书中也断言：全部思想中固定的、不可动摇的主题显然就是“自己究竟是什么”。

人们往往认为，自己最了解自己。然而，从古希腊时代

[1] 蒙田（1533—1592）：文艺复兴时期的法国作家、思想家。——译者注

[2] 译自《人论》（恩斯特·卡西尔著）。——译者注

[3] 卡西尔（1874—1945）：德国哲学家，代表作品有《自由与形式》《国家的神话》等。——译者注

就有“认识你自己!”这样的格言。可见，其实人最不了解的正是自己本身。人类可以了解浩瀚的宇宙，可以认识粒子结构的世界，可以破译30亿对基因密码，却依然不了解自己。

电视上播放过这样的画面：一只野鸭背上插着箭矢——这大概是缺少爱心的人干的，那只可怜的野鸭让观众心头作痛。我在餐馆里看到这样一些人，他们一边看着电视画面中身带箭矢的野鸭，皱着眉头批评说:“多么残酷啊……”一边却津津有味地大吃鸭肉火锅。我不由得反思:“人对自己真是盲目啊……”然而，这种自相矛盾的现象难道不是比比皆是吗?

“过去的公鸡天一亮就打鸣，给人报时，可是现在……”

“现在连公鸡也变懒了，真不像话。”

这一对乡下的老夫妇没有意识到自己已经耳背。听了他们的对话，我不由地苦笑起来。

这真是“以为知己莫过己，最不知者实为己”。

古今中外都有很多嘲笑没有自知之明的故事，这也说明人是多么不明白自己本身。试举几例:

从前，印度有一户富裕人家，儿子娶了个漂亮的妻子。新婚夫妇饮酒寻欢，沉浸在无比的快乐中。一天夜里，妻子打算打点酒，掀开酒缸的盖子，却发现酒缸里藏着一个妖艳的女人。妻子以为这是丈夫瞒着自己偷养的女人，又哭又叫又骂又闹。丈夫大吃一惊，跑过来掀开盖子一看，看见里面有一个欲火中烧的年轻男人。丈夫以为妻子在家里藏着她的相好，痛斥妻子品行不端。夫妇俩越吵越凶，终于动起手来，不小心把酒缸打碎，这一场争吵才算结束。原来，他们饮酒作乐，喝得酩酊大醉，连映照在酒缸里的自己的模样都认不出来了。

古代，中国有一个名叫蔡君谟的宰相，留着一副漂亮的长髯。有一天，皇帝问他睡觉的时候胡子是放在被子里面还是放在被子外面。可是他自己一直没有留意过这个问题，又不能随便回答，就请求皇帝容他第二天答复。然后，他立刻回家，躺进被窝里找答案，却觉得如果把胡子放进被子里面，会影响呼吸；如果把胡子放在被子外面，又很不自在。又厚又长的胡子拿进拿出，折腾了一个晚上，还是没有结果。

有一个盗窃团伙在山里聚餐，当然所有的东西都是偷来的，其中有一个闪闪发光的金杯。大家轮流拿着这个金杯喝酒，突然间这个金杯不见了，于是头目站起来，怒气冲冲地吼叫道："这里有小偷！"他如果不是忘记了自己本身就是盗窃团伙的头目，肯定不会说出这句话来。

这些都是发人深省的故事。克尔凯郭尔[1]警告说：忘记自己，这个最危险的事情在社会上却非常容易发生（《致死的疾病》[2]）。人们把钱忘在自动取款机上一定会着急万分，而忘记了最为重要的自己却毫不惊慌。

[1] 克尔凯郭尔（1813—1855）：丹麦哲学家、神学家。存在主义哲学的创始人。——译者注

[2] 译自日文版《致死的疾病》（桝田启三郎译）。——译者注

在斯芬克斯面前

佛经上记载着这样一则故事：释尊在树下闭目养神的时候，有三十多个富家子弟及其夫人在附近的树林里饮酒欢宴。其中，一个单身男子带来的、看似妓女模样的女人趁着大家疲劳打盹的时候，偷取他们的贵重物品逃走了。众人醒后大吃一惊，拼命寻找这个女人，发现释尊坐在大树下，就询问释尊是否看见一个形迹可疑的女人从这里经过。

释尊听后，这样反问大家："这件事我已经听明白了。可是对你们来说，寻找那个女人还是寻找自己，哪一个更重要呢?"

听了释尊的话，大家一下子仿佛从迷梦中醒悟过来，于是开始聆听佛法，成为释尊的弟子。

关于埃及沙漠上千古不语的狮身人面像斯芬克斯，有这样一个传说。它向路过的旅行者询问："早上用四条腿行走，中午用两条腿行走，晚上用三条腿行走的动物是什么?"据说谁要是回答不出来就会被它吃掉。

其实，这是在向人询问"人是什么"。可以说，政治、经济、科学、医学、文学、哲学、宗教等都在试图回答这个问题。而我们每个人，也都必须各自对其作出回答。

在斯芬克斯面前，不容许任何的代答，人云亦云的知识也无济于事。

第13章

真正的我在哪里？

“别人”是自己的镜子吗？

为什么我们会如此不了解自己呢？

我们的眼睛虽然能看见各种各样的东西，但太远的或太近的却看不见。

“眼不能视眼，刀不能砍刀。”视力再好的人，也不能直接看见自己的眼睛；再锋利的宝刀，也无法削割宝刀自身。灯塔能照耀千里之外，灯塔底下却是一片黑暗。同样，我们对别人一清二楚，对自己却极为盲目。这都是因为距离太近的缘故。

要看到因距离太近而看不见的东西，可以使用镜子。那么，能看到自己的，都有些什么样的镜子呢？

我们总是为别人说的话一喜一忧，十分在意他人对自己的看法。父母亲以及老师也经常教育我们：“不要成为被别人耻笑的人。”由此可见，我们在很大程度上依赖“别人”这面镜子来认识自己。然而，别人真的能作出恰当的评价吗？

德川时代[1]撰写的文章里，有丰臣秀吉[2]的仁政吗？明治[3]初期撰写的文章里，能看到德川幕府[4]的德政吗？即使是史实，也往往被改成对统治者有利的内容。改朝换代，掌权者发生更迭时，连价值观也会随之变化。“忠”，曾是日本人善恶的规范之一。然而，它在江户时代[5]指的是为幕府将军、诸侯而死，到了明治时代却意味着为天皇而捐躯。有一段时期，只要一说到“主权在民”、“劳资平等”，就会立即被戴上“思想危险分子”的帽子，被捕入狱。而在今天，天皇和工人是平等的。有的国家，政权一变，宪法也改变，服刑的囚犯一夜之间被无罪释放，昨天的统治者却成为今日的阶下囚。

人的价值评判标准是多么易变啊！一休也这样嘲笑：“人的嘴，今日称赞，明日诽谤；这世间，哭哭笑笑，真是荒唐。”

对自己有用的时候，说他是好人；对自己不利的时候，说他是坏人。难道不都是以自己当时的利弊好恶为标准，来判断和评价别人的吗？人心变化无常，所以善恶的判断标准

[1] **德川时代**：从德川家康创立幕府的1600年至1867年，以江户（今东京）为政治中心的时代。——译者注

[2] **丰臣秀吉**（1537—1598）：统一日本的武将。死后政权被德川家康夺取。——译者注

[3] **明治**：1868年至1912年，德川幕府垮台后，日本走上近代化之路的时代。——译者注

[4] **德川幕府**：德川家康创立的武家政权。——译者注

[5] **江户时代**：即德川时代（1600--1867）。——译者注

也会随之变化。“昨天的朋友，今天的敌人”，这种背叛行为的出现也就不足为怪了。

提起汉娜·阿伦特[1]这个名字，人们都知道她是一位国际著名的女思想家，以论述纳粹主义的著作《极权主义的起源》著称。同时她也因是有妇之夫海德格尔[2]的情人而出名。海德格尔曾加入过纳粹党，因此受到犹太人的强烈谴责。海德格尔的言行本是不可原谅的，但身为犹太人的阿伦特却一直为他辩护。真是“敌人的真话不如爱人的谎言”，即使如阿伦特这样的大学者，对自己喜欢的人所做的坏事也失去了辨别能力。

其实无论什么人的评论，都难以避免这种危险。最高法院虽然可以说是会聚着司法界的精英，但司法人员之间也时常出现意见的分歧。人们都愿意相信法庭的审判是公正的，然而事实明明只有一个，却有时判决有罪，有时判决无罪，有时甚至无罪变有罪。很明显，是法官们主观意识的不同造成了结果的差异。

“猪再美化还是猪，狮子再丑化还是狮子。”

虽然人的价值评判标准总是依自己的好恶而变化无常，但事物的本质是不会因外界的评价而有所改变的。这句话不正是在嘲讽人的判断标准的愚蠢和不负责任吗?!

[1] 汉娜·阿伦特（1906—1975）：美国思想家、政治理论家，生于德国。——译者注

[2] 海德格尔（1889—1976）：德国哲学家，20世纪最伟大的哲学家之一。——译者注

自己能找得到自己吗?

如果明白对别人这面镜子不能寄予全面的信任，那么该在哪里寻找能够全面认识自己的镜子呢?

人有道德良心，所以也被称为以道德良心为镜子进行反省的动物。但是，这个“良心”能否成为映照出自己真实面目的镜子呢?

龙宫公主对鱼儿们说:“谁能说出这颗宝珠的颜色，我就给它奖赏。”于是黑鲷鱼说“是黑色的”，青花鱼说“是青色的”，鲽鱼说“是淡茶色的”，回答都不一样。“真正的颜色是什么呢?”龙宫公主笑着说，“宝珠是无色透明的，你们所说的都是自己映照在宝珠里的颜色。”

人不也是一样吗? 无法完全去掉自己思想、感情的色彩来看待事物。特别是反观自己的时候，更是摘不掉偏见、我见[1]的有色眼镜。以自我为中心的这颗“私欲”之心，让我们的目光变得扭曲。这样的事例不胜枚举。

最近，一位当医生的朋友告诉笔者这样一件事，听起来简直令人不敢相信。

一个女高中生半夜肚子痛来医院急诊，医生经检查发现是即将分娩的阵痛，于是他把真相告诉女高中生的母亲。母亲一听，脸色大变，一口咬定“我的女儿绝对不可能有这种事”。但是，当女儿承认这个事实以后，母亲垂头丧气，只好带着女儿去妇产科。

[1] 我见: 偏颇狭隘的见解。——译者注

“要真是这样的话，该多丢脸啊！”这种顾全脸面的“私欲”甚至使母亲把女儿即将分娩的肚子视为“发胖”，从而妨碍她作出正确的判断。

父母亲总是一心认定“我的孩子绝对不会做那种事”。有人说，这种偏见不仅害了孩子，而且会成为青少年犯罪的温床。然而，身为家长的人，都难以客观地看待自己的孩子，这也是无奈的事情。连看自己的子女都带着厚厚的有色眼镜，可想而知人的自我反省该是多么的肤浅。

人总是在美化自己：别看我长得黑，可是鼻子高啊；虽然我皮肤黑，鼻子也不高，可我是樱桃小口啊；别看我嘴巴大，可我皮肤白啊。即使没有什么可以自夸，也会说：尽管我没有任何本事，但大家都夸我是个老实人。照镜子的时候，发现自己白头发增加了，不由得心头一阵悲凉，可是一转念：我总比隔壁家那个老太婆强多了。人到50岁，就和60岁的比；人到60岁，就和70岁的比，心想自己比他们年轻。虽然实际状态不会有丝毫变化，但听到别人说自己年轻，心里就高兴；相反，如果听到有人说自己的长相比实际年龄大，心里就闷闷不乐。

如果听到小偷自夸机灵，听到杀人犯自吹残忍，一定会感到惊愕，但这说明人总是把自己看成一朵花。因为自满是我们的本性。

真正的自己隐藏在深不可测的心底

佛教从心、口、身三方面对我们进行评价，其中最重视的是心。其实，日常生活中也有很多重视心胜于身和口的事例。

要是有人对你说“你的领带歪了”，你会立即纠正，但要是有人对你说“你的心眼歪了”，你就无法接受。“领带歪了”和“心眼歪了”看似相同，但后者伤害人心，因为它令人觉得人格受到了侮辱。

俄罗斯文学巨匠屠格涅夫[1]贫穷的时候，一个乞丐上门乞讨，他没有任何东西可以给乞丐，心里非常过意不去，便跑到门口，紧紧握着乞丐的手，满含热泪地连呼“兄弟”。后来，这个乞丐说，自己一生中从来没有得到过这么令人高兴的东西。

“虽然身着破衣，心灵却如花似锦，比任何鲜花都美丽[2]。”这首歌也是说比起装饰漂亮的“身”（外表），心灵的美更被人们所看重。

为什么把看不见摸不着的心看得比显露于外的口、身的言行更重要呢？因为身和口的行为都受命于心。可以这样比喻：心是火源，身和口的行为是火花。如同火花从火源飞舞上升，身和口的行为都是心的外在表现。

联合国教科文组织宪章这样写道：“战争起源于人的心，

[1] 屠格涅夫（1818—1883）：俄国小说家、诗人和剧作家。——译者注

[2] 日本演歌歌词。星野哲郎作词，水前寺清子演唱。——译者注

所以必须在心中构筑起和平的堡垒。”由于心被视为战争的根源，才会发出这样的呼唤吧。正如灭火要把重点放在火源上一样，佛教总是把视点置于心的活动上。

“一心求佛道，我心成核心”

两个禅僧云游天下，来到一条小河边，看见一个美丽的姑娘想过河去，却因为连日下雨涨水，无法过河而不知所措。

一个僧侣说：“来，我送你过去。”

姑娘因为一筹莫展，也只好同意，于是僧侣毫不造作地抱起姑娘涉水过河。

过河以后，姑娘红着脸施礼道谢而去。另一个僧侣大概认为不管有什么理由，作为僧侣这么亲近女色，简直是岂有此理，于是一路上默不做声，不再和他说话。这是因为禅宗戒律严格，规定在肉体上不能接触女性的缘故吧。

傍晚时分，抱着女子过河的僧侣说：“我们找个地方过夜吧。”

同行的僧侣冷冰冰地回答道：“我不想和花和尚住在一起。”

那个僧侣哈哈笑起来：“怎么啦？你在心里还抱着那个女人啊？”

被对方一针见血地指出自己对女人念念不忘的丑恶之心，同行的僧侣无言以对。

问题就在于这个心。

心原本应该最受重视，然而不论心中所想的事情多么恶毒，只要不付诸行动，就不会受到法律制裁，也不会招来他人非议。因为外人能看到的只是表现在口和身上的火花，对心这个火源却无可奈何，只能放任不管。其结果，正如石川五右卫门[1]临死前所说的那样："石川[2]海边沙可尽，世上盗贼种不绝。"

然而佛教指出："思罪不比杀罪轻。"因为思想是语言和行动的根源，所以怀不良之心，其罪行要比口和身所做的坏事重得多。

"一心求佛道，我心成核心。"这是被亲鸾圣人尊为高僧的源信僧都[3]的述怀。

所谓真实的自我，其实就是"真实的我的心"。别人的评价和自我评价，无论站在哪个角度，依据何种善恶标准，得出的结论都不是真实的自己。

遮蔽真正自我的无明之暗一旦被破除，会看到一个什么样的自我呢？从下一章至第19章，让我们来听一听亲鸾圣人的心灵表白吧。

[1] **石川五右卫门**：日本著名的大盗。——译者注

[2] 这里的"石川"是双关语，既指石川五右卫门，也指河里的沙石。——译者注

[3] **源信僧都**（942—1017）：日本平安时代僧侣。曾著《往生要集》弘扬净土佛教。——译者注

第14章

亲鸾圣人与刀叶林地狱——机的深信

爱欲广海

我的一位朋友最近做了摘除白内障的手术。白内障是一种由于眼内晶状体浑浊，致使视力低下的疾病。现代医学可以使用人造晶状体使视力得到很大改善。朋友患病的时候，甚至会把趴在墙上的蜈蚣误以为是一截绳子，用手去抓。而手术以后，他一照镜子，大吃一惊，感觉简直是在用显微镜看自己的脸。环视家中，发现自己竟然居住在这么脏的地方，于是立刻进行大扫除。

无明之暗一旦被破除，就能清晰地看见自己的真实面目。这叫做“机的深信”。亲鸾圣人有许多自我表白，都是出自机的深信。下面作一些介绍：

悲哉！愚秃鸾。沉没于爱欲广海，迷惑于名利大山；不喜入定聚之数，不快近真证之证。可耻可伤矣！

《教行信证》

“啊，亲鸾我多么可悲呀！沉溺于爱欲的广袤之海，受追名逐利的欲望所驱使，对自己业已成为可前往净土之身（入定聚之数）并不感到高兴，对自己正接近佛觉（真证之证）也不感到愉快。我真是一个彻彻底底麻木无知的人！多么可耻可悲啊！”

所谓“业已成为可前往净土之身”、“接近佛觉的人”，指的就是后生黑暗之心（无明之暗）被破除、实现了人生目的的人。这将从第20章开始阐述。在这里，圣人明言“业已成为可前往净土之身”、“正接近佛觉”，所以首先必须知道：这段话说的是唯有具有这种自觉和确信的人，才会得知的自我和忏悔。

那么，“爱欲广海”指的是什么呢？

释尊阐述道：当看到美女的时候，虽然明知外皮下面是一副脓血之躯，但心中还是会燃起邪淫之火。

所有之人，唯思淫猥之事，观妇人之姿而目光生辉，于心中放任卑猥之行。

厌憎己妻，觊觎别家女子，苦恼不绝。爱欲高潮迭起，坐立不安。

佛经里所说的“刀叶林地狱”，描写的就是这广袤无边的爱欲之海。

堕入这个地狱的罪人猛然间抬头一看，眼前是一棵参天大树。树叶如刀刃般尖锐，喷吐着火焰。树上有一漂亮女子，满脸妩媚的笑容，正向自己招手。原来她是自己过去的恋人。罪人情思如火，无法自持，终于不顾一切地朝树上爬去。这时，树叶纷纷落下，尖刀般割裂他的皮肉，刺进他的骨头。他浑身鲜血淋漓，但爱欲之火却燃烧得更加激烈。

当他竭尽全力爬到女子身边，正要使劲拥抱的时候，那女子忽然消失得无影无踪，却从树下传来她的声音，温柔地引诱:“我是恋慕你才到这里来的啊，你为什么不快点来抱我啊?”

仅仅为了一个女人，以烈火金刚般的意志爬到树上，这样做连自己都觉得愚蠢。然而，爱恋之情却更加炽热，他又打算从树上爬下来。这时，落到地上的树叶倒飞上去，向上喷吐出火焰，刺穿他的全身，刻骨裂肉，其疼痛难以言喻。

好不容易爬到树下，恋人又消失了，只看见她又在树上扭动着腰肢呼唤自己。爱欲之海无边无际，就这样使他无休止地上上下下，不断遭受痛苦，这就是“刀叶林地狱”。

分别后无尽相思，相见时如遇仇敌，互相伤害。未能如愿以偿，心中充满渴望；心愿得到满足，渴望却有增无减。上述比喻充分揭示出爱欲的本性。

爱憎之心

本居宣长[1]是日本著名的国学家，晚年受到很多人的尊敬，被称为“活神”。据说在他家做佣人的一个女子有一次战战兢兢地询问学仆：“我们家的先生真的是神吗？”学仆回答道：“大家都这么说，应该没错。”女子一听，哇地哭起来。学仆大惊，忙问什么缘故，女子回答说：“昨天晚上，神钻进我的被窝，我不由自主地揍了他的脑袋，会不会受到神的惩罚啊？”看了这则故事，让人不寒而栗。

一说到“理性”，就会想起近代哲学之父笛卡尔[2]，但是他也与女佣有染，还让她怀孕生子，成为未婚的母亲。

沉溺于无边无际的爱欲之海无法自拔，这不正是我们的真实写照吗？

无明烦恼盛，
如尘数遍满。
爱憎违顺事，
无异高山峰。

《正像末和赞》

（这里的“无明”，并非得到阿弥陀佛拯救时会消失的无明之暗，而是指欲望、愤怒等烦恼。）

[1] **本居宣长**（1730—1801）：日本江户时代的国学家。——译者注

[2] **笛卡尔**（1596—1650）：法国哲学家、数学家、物理学家。——译者注

“亲鸾全身都燃烧着欲望、愤怒的烈焰，对顺从自己的人就喜欢、亲近，对反对自己的人则憎恨、疏远。这颗烦恼的心竟高耸如山岳峰峦。”

这是圣人清楚得知了自身烦恼之深、罪障之重而发出的深刻忏悔。然而，沉没在爱欲广海中的，恐怕不仅仅是亲鸾圣人吧。

第15章

名利的冷血兽

虚伪的名誉

悲哉！愚秃鸾。沉没于爱欲广海，迷惑于名利大山。

《教行信证》

上一章讲述了“爱欲广海”，那么“迷惑于名利大山”又是怎么回事呢？

“名”，就是名誉欲——想得到别人的好评，想让别人称赞自己有才华、潇洒、可爱、漂亮……不想被人讨厌，不愿意被人背地里说坏话……这种追求名誉的心。

“利”，就是利欲——连一分钱也不想放过的对财物贪得无厌之心。

“从早到晚终日被大山般的名利欲望所摆布，既没有感谢也没有忏悔。多么可悲的亲鸾啊!”

这实在是痛切的忏悔。

个体心理学之祖阿德勒[1]说：人们行为的根本动力是“追求优越的心”。总想高人一等，这是人的天性。周围的环境也是如此，如果你战胜别人，就赞美你；如果你败给他人，就瞧不起你。在生存竞争十分激烈的今天，学历竞争、职位竞争不断升级，甚至幼儿园里也存在着优胜劣汰的竞争。

千方百计地往上爬，一心想出人头地，而不愿意被人轻视。炫耀财富，夸示聪明，显耀实力。如果自己没有优秀之处，就开始吹嘘自己的家乡或者孩子。

人们是如何处心积虑地追求虚荣的呢？电视机在日本刚刚开始普及时，某居民小区的屋顶上，竖立着很多电视天线。电视管理员前去收取视听费，却发现有的家庭只有天线而没有电视机。询问原因时，对方坦言：“左邻右舍都有电视机，自己买不起，只好这样伪装一下。”为了不被别人轻视，竟是如此煞费苦心。

女性为了保持青春美貌而不惜一切代价。为了漂亮，可以不怕危险，忍受痛苦。做整形美容的女人，花多少钱也毫不吝啬。她们要是住在无人岛上，该多么轻松啊。

据说宫本武藏[2]的父亲无二斋因为嫉妒武藏的本领，曾对其追杀谋害。父子之间也会为争名夺利产生冲突，更不用说朋友、师徒之间。

[1] **阿德勒**（1870—1937）：奥地利精神病学家，个体心理学的创始人。——译者注

[2] **宫本武藏**（1584—1645）：日本著名剑客。据说一生比武60多次，从未失败。——译者注

校园里发生的欺负同学的现象，多是源于对学习成绩优秀的同学的嫉妒心。据说学习好的孩子、可爱的孩子往往被当成“出气筒”。

我上高中的时候，有一个很要好的同学。他学文科，英语很棒，我学理科，英语成绩怎么也赶不上他。只有一次是我胜了，那是因为他得了急性肺炎，不能参加英语考试。我平时和他嬉笑打闹，关系融洽，这一次却对他的生病暗地高兴。至今想起这件事，还觉得心痛。嫉妒好友的名声，轻易地背叛友情，却还想得到对方的信任，实在是厚颜无耻!

荣膺诺贝尔文学奖的罗素在大学讲授逻辑学和数学的时候，后来被称为20世纪最伟大哲学家之一的维特根斯坦[1]来听他的课。而在一两年之后，他就开始尖锐地批判罗素。大概因为无法忍受学生批判自己的屈辱，据说罗素破口大骂维特根斯坦，还把他的名字从一部分著作中删除了。

竞争对手本是磨炼自己、使自己不断提高的恩人，然而却对其怀恨在心，甚至攻击诽谤，将其彻底搞垮。这也是由于名誉欲的驱使吧。

因解明遗传基因结构而获得诺贝尔奖的沃森[2]在其著作《双螺旋》中，曾生动地坦陈自己在科研中采取的欺骗别人、偷看情报、向竞争对手隐瞒成果等卑劣手段。但是，沃森并不认为自己的言行有何异常，他在书中写道:“比起做一个一辈子默默无闻的大学教授，自己若能扬名天下，当然更觉

[1] 维特根斯坦（1889—1951）：生于奥地利，后入英国籍。哲学家、数理逻辑学家。——译者注

[2] 沃森（1928—）：美国生物学家，1962 年获诺贝尔生理学或医学奖。——译者注

得快乐。”

同样，近代科学的奠基人牛顿[1]也曾为了争夺建立微积分学的功绩，与莱布尼茨[2]长期进行丑陋的明争暗斗，直到被认定是各自独立得出的成果才善罢甘休。即使在表面看来庄严圣洁的科学界，也暗涌着这些名誉私欲的旋流。

而被名欲大山无情地压垮，最终身败名裂的人何其多矣！20世纪最后一年的11月，一位日本古代遗址调查团团长捏造事实的行为被揭露出来。他在新发掘的遗址里埋入其他遗址出土的石器，声称“发现了60万年前的石器”。此人曾一次又一次地发表刷新日本最古老记录的考古发掘成果，被称为“神手”，在考古界颇有名声。这次捏造事件使日本十年来的考古学研究发生了动摇。

就连那种要死就死得轰轰烈烈的所谓“死亡美学”，其实也不过是追求名誉的一种表演罢了。

心口各异

为了得到一时的心理满足，我们既欺骗自己也欺骗他人。对别人似褒实贬，对自己则似谦实抬。

“谎言逼真相互比，寻死婆婆劝阻媳。”为了体面，撒谎不脸红，花言巧语装好人。尽管婆婆丝毫没有想死的意思，但因为不满意儿媳妇对自己的态度，便威胁说“想去死”。

[1] 牛顿（1643—1727）：英国数学家、物理学家、天文学家和自然哲学家。——译者注

[2] 莱布尼茨（1646—1716）：德国数学家、哲学家、神学家。——译者注

而儿媳妇也不是吃素的，一边想着“赶快去死吧”，心里恨不得她死掉；一边却装出一副孝顺婆婆的样子，哭着劝阻：“妈，您可是家里的顶梁柱，千万要保重身体。您要是倒下了，我们还能依靠谁啊!”

双方都在彻头彻尾地撒谎，哪一个听起来更让人信以为真呢？实在是一种讽刺。

> 心口各异，言念无实。
>
> 《大无量寿经》

释尊的话一针见血地揭露了人所思所言的虚伪。

无聊之人的无聊吹捧也会让自己沾沾自喜，被小孩子看不起也会使自己心情沮丧。人都是名誉欲的奴隶，这是多么可悲啊。

欲壑难填

一个八十多岁的老人和在大公司担任要职的长子生活在一起。老人最近身体不适，经医生的仔细检查，被确诊为肝癌。长子觉得反正父亲也活不了多长时间，便劝他住院动手术，同时开始拟定寄发死亡通知书的名单。儿子如此，媳妇也很过分，擅自解除公公的银行定期存款的期限，提前取款作为住院动手术的费用。但是，老人的手术进行得十分顺利，病情明显好转，很快就出院了。儿子和儿媳妇竟然觉得“出乎意料”，并为此大失所望。在他们的脸上看不到丝毫的罪恶感，残酷的贪欲使他们把钱看得比老人的命还重要。

将死之时，曾赖以依凭之妻、子、财宝，无一相随我身。故死出山路之末、三涂大河，须唯我一人独渡。

《御文章》

“在即将死去的时候，一直作为生活支柱、赖以生存的妻子、儿女、财产再无一可以依靠。自己曾拥有的一切都将被死亡剥夺，不得不独自离开这个世界。”

长寿不过百岁，死去时什么也无法带走。尽管对莲如上人[1]的这句话，我们没有丝毫反驳的余地，但谁又摆脱得了“想要、想要、还想要”这利欲的困扰呢？恐怕就是天上下黄金雨也无法满足人的贪婪欲望。

日本近代作家菊池宽甚至说道：“几乎所有的不幸都可以用金钱解决。”无论古今，绝大多数人都是“金钱万能论”的信奉者，为了金钱而不择手段。

2000年7月，奈良市一个43岁的护士因涉嫌谋害亲生女儿而被捕。在调查中发现，这个“白衣天使”试图用掺毒的茶水毒死15岁的长女，以获得200多万元的人寿保险。而三年前这位母亲曾使用同样手法杀死了当时15岁的长子和9岁的次女，其动机也是为了获得100多万元的保险金。

[1] 莲如上人（1415—1499）：亲鸾圣人的后裔，净土真宗中兴之祖。——译者注

“虱子拉虱子的屎，大象拉大象的屎。”地位越高的人，其欲望和犯罪的规模就越大。有多少高官、大臣，甚至总理因为受贿身陷囹圄，结束耻辱的一生。多少人苦心经营建构的“殿堂”在利欲大山的重压下轰然倒塌，只落得凄然悲叹。这些人就像是一面面镜子，映照出我们心中的贪欲。

对别人的利害关系迟钝如猪，而如果事关自己的利害得失，全身的神经立刻绷紧。凡是阻碍自己欲望的人，不论是亲人还是恩人，都对他们伸出残暴凶恶的魔爪，毫不留情地一概推倒灭杀。

有这样一则故事：三个窃贼偷了一笔巨款，逃到山顶。正要坐地分赃，其中一个心生歹念，说道：“先填饱肚子再说吧，我去找点吃的来。”说完，他下山进城去了。另外两个人饥肠辘辘，自然没有异议。下山去的盗贼自己吃饱喝足以后，把毒药放进剩下的馒头里，图谋杀害两个同伙，独吞赃物。

与此同时，留在山上的两个窃贼也在密谋：“把那小子干掉，我们平分。”

进城的窃贼回来以后，说道：“我已经吃过了。”接着，把毒馒头放在他们面前，然后走到山崖边上洋洋得意地小便。这时，另外两个窃贼趁机蹑手蹑脚地走到他身后，猛然把他推下悬崖。

“这就好了，我们吃完饭再分吧。”于是，这两个窃贼也共赴黄泉。留在山顶上的只是那一笔偷来的巨大财富。

“俯看将落地狱底，欲望之洞何其深。”

名声也要，财宝也要，这也要，那也要……欲壑难填。为了追求永无止境的名利处心积虑，最后撒手尘寰时却什么也无法带走，只能两手空空地离开这个世界。

从这则故事中，我们似乎可以看到人愚蠢的结局。

释尊的叹息

演猴戏的猴子随着耍猴人的吆喝声出色地表演各种节目，围观的人们大为感动，情不自禁地把橘子扔给它们。没想到这些猴子把耍猴人平时的教导忘得一干二净，争先恐后地抢夺橘子，甚至大打出手，互相撕咬，把一台猴戏弄得一塌糊涂。

追名逐利的欲望都是“只要自己好就行”的利己之心。

一看到充满名利的橘子，什么已经“知道、记住、理解”的伦理、教养统统抛到九霄云外，只有本性赤裸裸地暴露无遗。理性之水对于名利欲望的烈焰来说，不过是杯水车薪，无济于事。

太平洋战争末期，日本的运输船在海上航行时，因没有军舰护航，被鱼雷击沉。据说当时发生过这样的事情：几千名士兵在大海上挣扎逃命,不顾一切地想挤上救生艇。然而，救生艇数量有限，而且已经超员，再上一个人就会沉没。当时有不少落到海里的士兵，用手紧紧抓住救生艇的船舷不放，苦苦求救。而在救生艇上的士兵却用刺刀把这些抓着船舷的手砍断。被砍断手腕的士兵怒视着砍自己的“战友”，沉入被鲜血染红的大海。

一个死里逃生的士兵曾这样告白："虽然我的肉体得救了，但我的灵魂却永远无法得到拯救。"

芥川龙之介在他的小说《蜘蛛之丝》[1]中，鲜明而生动地刻画出了人自私贪婪的丑陋本性。

我仿佛听到了书中释尊深深的叹息："别人怎么样，管不了那么多，只要我能得救……犍陀多的这种残忍之心，又将他自己推入地狱了，真是无缘于拯救的家伙……"

"无缘于拯救的家伙"，不可救药的不仅仅是犍陀多吧。

毫无疑问，犍陀多存在于我们每个人的内心深处。

[1]《蜘蛛之丝》：在这则故事中，释迦牟尼佛打算设法拯救一个名叫犍陀多的堕入地狱备受痛苦折磨的罪人。释迦牟尼佛想起这个臭名昭著的淼贼曾经救过一只蜘蛛，于是就将蛛丝放下地狱里，帮助犍陀多逃出来。犍陀多抓住蛛丝开始迅速攀援。当他感觉疲累停下来歇一口气时，往下一看，只见许多罪人一个接一个地抓着蛛丝正往上爬。他害怕蛛丝会断，便大声叫喊道："你们给我滚下去！"正在这个时候，蛛丝突然断了，所有的人都倒栽进地狱里。——译者注

第16章 潜在的凶恶本性

死亡对任何生物都是痛苦的

即使不知道达尔文的进化论和斯宾塞[1]的适者生存法则，弱肉强食也是显而易见的现实。

有人说："人只有夺走其他生物的生命才能生存，生命的延续只能依靠生命。敢于大胆杀生的时候，生活才会放射出耀眼的光芒。安慰是衰残的老者之心，如果产生哀怜之情，就是退出了真正的生活。"但是，如果承认这个主张，就不得不容忍暴君政治和恐怖时代。

我们把吃动物视为天经地义，但是它们绝不会认为自己的生命是为人类而存在，也绝不会认为自己应埋所当然地作出牺牲。无论对什么生物而言，死亡都是痛苦的，这和我们

[1] 斯宾塞（1820—1903）：英国社会学家、哲学家。——译者注

人类没有区别。船上的鱼拼命蹦跳、被勒着脖子的鸡使劲挣扎，肯定都是因为痛苦。如果认为为了生存不得不如此，认为只有人的生命才是宝贵的，那人类不是太自私自利了吗？这些生物在临死时一定会强烈诅咒人类的残酷。这与我们含冤遇害的仇恨有什么不同呢？

2000年4月，我从收音机里听到这样一则消息：将两名女性绑架后烧死的犯人已经被捕。“烧死”这个词，我听起来感觉很生疏。心想所谓的“烧死”，大概是焚尸灭迹吧。可是仔细一听，原来是说把汽油泼在身体上活活烧死，是名副其实的“烧死”。这是何等的惨无人道啊！我心想天下竟然还有这种人。然而就在这一刹那间，我的心头猛然一惊：自己不是也曾津津有味地吃烤肉吗？这又有什么不同呢？

据说，在美国一天要屠宰10万多头牛。据参观过美国丹佛市肉类食品加工厂的人说，几百头牛被赶进狭窄的通道里，在通道的尽头，一种机器架在牛头上，一按开关，牛就会一下子倒在地上。虽然有的牛拼命往后逃跑，但被后面蜂拥而上的牛挡住退路，最终还是难逃一死。

为了满足我们的食欲，每天都在不断地进行这样的作业。当然，不仅仅是牛，人类不知夺走了多少动物的生命。

钓鱼之人救海龟——做善人的局限性

浦岛太郎的故事是日本著名的民间童话。浦岛太郎是一个渔民，有一天，他来到海边，看见几个孩子在折磨一只海龟。他反复地劝说孩子们要爱护动物，但孩子们不听，于是他就把海龟买了下来，放归大海。后来，有一次他出海捕鱼，那只被他救了的海龟浮出海面，邀请他去龙宫。浦岛太郎在龙宫里见到公主，受到山珍海味的款待，享尽欢乐。

小时候，老师教育我们要做一个像浦岛太郎那样心地善良的人。大概因为年龄小的缘故，没有注意到他扛在肩上的钓鱼竿。鱼竿是夺走鱼生命的工具，今后肯定还会用它夺走许多鱼的生命。如果浦岛太郎真是爱护动物的善良的人，首先就应该把手中的鱼竿折断。他平时满不在乎地成千上万地杀生，偶尔救活一条性命，就作出一副大慈大悲的善人模样，这不能不说是假惺惺的伪善。

但是，鱼竿维系着他的生活。折断鱼竿，就意味着自杀。从这里似乎可以看到浦岛太郎做善人的局限性。浦岛太郎作为一个人，虽然可以拯救一条性命，但如果不杀害几万条性命，自己就无法活下去，因此他成不了真正的善人。这不也正是我们所有人的真实面目吗？

据说在日本战败前夕的南太平洋前线，有句为战友送行的话："喂，别让他们给吃了。"当时，日本军队食物匮乏，他们濒临饿死的边缘，变成了战友相食的恶魔。开始还是把病死或者战死的战友的大腿肉割下来吃，最后竟然把战友活活杀死吃肉。年轻肥胖的首当其冲，被枪杀后捆绑在圆木上，十五六个人围坐四周，烧烤吃肉。

这件事听起来令人毛骨悚然，脊背发冷。但如果自己当时也处在这种境地，又会怎么做呢？难道就不会做出同样的举动吗？我们不能不扪心自问，深刻反思。

1972年10月，一架飞机坠落在严寒的安第斯山脉中。飞机上共有45人，大部分都是乌拉圭一支学生橄榄球队的队员及其亲友。飞机坠落时，很多乘客都还活着，但是他们没有水，也没有食物以及防寒的衣物。之后，由于天气更加恶化，救援队停止了对坠落飞机的搜索。然而71天后，却有16个人得以生还。这次事件被称为“安第斯的奇迹”，引起了全世界的关注。据说，在坠落的飞机周围，散乱着被剔净了肉的人骨、被掏空了的头盖骨……

一旦发生名人丑闻或者什么前所未有的犯罪行为，电视等各种新闻媒体就会以“特集”、“专辑”的形式掀起批判的大合唱，以“无法想象”、“简直不是人干的”等言语大加谴责。虽然他们是站在受害者的立场上，但不能不令人怀疑，毫无发生丑闻、犯罪的可能性的完人真的存在吗？心理学家荣格[1]说：“毫无疑问，存在于我们心中的恶是无法估量的[2]。”

必为业缘至，无事不为之。

《叹异钞》

“只要缘分到来，亲鸾我任何可怕之事都会做出来。”

圣人坦言，无所不为的、隐藏着巨恶的潜在残暴者就是我。可以说，这正是我们每一个人的真实写照。

[1] 荣格（1875—1961）：瑞士心理学家和精神分析医师，分析心理学的创立者。——译者注

[2] 译自日文版《现在与未来》（松代洋一编译）。——译者注

人心的真相

“欲望”受到阻碍时，表现出来的就是愤怒。尤其当众受到斥责时，这种“耻辱”一辈子都会记在心头。这也是名誉欲如大山的佐证吧。

“怒”字拆开是“心”上一个“奴”，而“奴”字就是对心中所恨之人的鄙称。“都是因为那个家伙”，“要是没有这家伙就好了”，怒火中烧之下，什么教养、学问往往被人置于脑后，愤怒的火焰使一切都化为灰烬。日本江户时代，赤穗藩的领主浅野长矩[1]因一时之怒招来杀身之祸，致使53000石的领地化为乌有。而在现实生活中，因为受到恋人的背弃而怒不可遏，于是跟踪纠缠，甚至怀恨杀人，结果毁掉自己一生的悲剧也屡见不鲜。

愤怒的火焰面对弱者表现为随意发泄，面对强者则转化为憎恶的情绪。

俗语说：“近来真心烦，邻家盖库房[2]。”自己家里连遭不幸，正是心烦意躁的时候，邻居却春风得意，盖起了库房，不由得无明火起，甚至产生恶念，希望邻居遭到飞来横祸、

[1] **浅野长矩**（1667—1701）：江户时代中期播磨国赤穗藩（今兵库县赤穗市）的领主，拥有年产量53000石（一石约为大米150公斤）的领地。他在35岁这一年，被任命接待京都朝廷派来的使者。为做好接待工作，需要先向担任幕府礼仪的吉良义央学习礼法。但是，由于浅野长矩对吉良义央贿赂的东西太少，受到吉良的刁难，于是浅野怀恨在心。在接待的最后一天，浅野突然拔刀向吉良砍去，由于被旁边的人阻拦，吉良只是受了轻伤。此事使将军纲吉大为震怒，命令浅野剖腹自尽，并没收其领地。一年半以后，浅野原先的家臣46个武士杀死吉良，为主子报仇。此历史事件被改编成各种文艺作品。——译者注

[2] **库房**：特指古时日本家庭建造的储藏重要物品的仓库。建造库房意味着此家庭很富有。——译者注

不测之灾，根本就无法与之友好相处。仅仅看到自己的心上人和别的异性在亲热地交谈，都会立刻感到心头不快。嫉妒是如此卑劣、可怕，令人不寒而栗。所以亲鸾圣人哀叹道：此心如蛇蝎。

以语言尖酸刻薄著称的比尔斯[1]在《魔鬼辞典》中写道："幸福就是看到别人不幸时的快感。"看见别人被突如其来的阵雨淋湿，一副狼狈不堪的样子，便会心里高兴。看到别人被凶猛的狗吓得畏惧退缩，便会开心而笑。看到精心打扮、穿着漂亮的女性被汽车溅得一身泥水欲哭无泪的样子，便感觉心花怒放。听到什么地方发生火灾，便匆匆忙忙赶去观看。若是在路上听说火已被扑灭，还会感到心中失望。外地旅行时碰到火灾，更会觉得灾情越大越有看头。虽然也觉得不能有幸灾乐祸的想法，但还是喜欢隔岸观火，不会产生悲伤的情绪。越是重大的事件，越是残酷的内容，电视的收视率就越高，周刊杂志的销售量就越大，这说明什么问题呢？

晋升、结婚、盖新房……凡是别人的好事都让自己生气恼怒；失败、离婚、灾难……一听到别人的不幸就暗自高兴。如果把自己心灵深处的想法赤裸裸地暴露出来，那会怎么样呢？人们一定会惊为"魔鬼"而唯恐避之不及。

> 故而既非善人，亦非贤人。无精进之心，唯懈怠之心，内常怀虚伪谄曲，毫无真实心之身也，应知。
>
> 《唯信钞文意》

[1] 比尔斯（1842—约1914）：美国的记者、作家，以短篇小说著名。——译者注

“我亲鸾既非善人，也非贤人。而是不求上进、心神懈怠之人。并且心怀虚伪，总是很在意别人对自己的评价。唯一清楚知道的就是我内心不存在丝毫的真实。”

亲鸾毫无真实之心，这才是亲鸾的真实面目！圣人充满悲痛的呼喊震撼人心。

第17章

希图回报之心

杂毒之善

恶性全难止，
我心如蛇蝎。
修善亦杂毒，
故名虚假行。

《悲叹述怀和赞》

“我是多么不可救药啊！完全没有办法抑制自己这颗蛇蝎之心。所行之善全都受到蛇蝎之心的污染，被称为‘杂毒之善’也是理所当然。”

亲鸾圣人所说的“杂毒之善”究竟是怎么回事呢？

送给邻居的即使只是一点饼干，如果对方不道谢一声，心里就觉得不痛快，甚至觉得还不如不送。过些日子后还会故意问对方：“哦，上一次送给您的饼干不好吃吧？”显然是在催促对方回礼。

从前，有一年寒冬，一个乞丐在桥下冻得浑身发抖。有个禅僧恰好路过，见状，便脱下自己身上的衣服扔给他。乞丐穿上后，只是看了禅僧一眼，一句话也没有说。禅僧忍不住问道：“怎么样？暖和点了吧？”

乞丐这才应声而答：“穿上后当然暖和，何必明知故问呢？你该庆幸自己还有施舍的能力呀。”

施恩图报之心被对方看穿，禅僧深感羞愧。

日本有一则寓言叫做《剪掉舌头的麻雀》。有个老爷爷在家中养了一只小麻雀，非常喜欢它。然而有一天，小麻雀吃光了老奶奶的糨糊，被大发雷霆的老奶奶剪掉了舌头，于是伤心地飞走了。

老爷爷知道以后，进山四处寻找小麻雀，最后终于找到了。

小麻雀拿出一大一小两个藤条箱答谢老爷爷的恩情。老爷爷只是因为喜欢小麻雀才来找它，所以觉得见到它就已心满意足了，于是毫不犹豫地挑了小的拿回家。到家里打开一看，里面竟装满了金银财宝。

贪心的老奶奶看到后，也急忙奔向山里。老奶奶认为“小麻雀是我饲养的”，她找小麻雀的目的在于得到回报，所以面对小麻雀拿出来的两个箱子，就挑选大的背了回来。而其中装的却是施恩图报的丑恶之心变成的妖魔。

梁武帝是中国历史上著名的佛教信奉者，所建寺院佛塔不计其数，在弘扬佛教方面作出了巨大的贡献。达摩[1]大师以120岁的高龄从印度来到中国的时候，曾作为国宾，受到梁武帝的隆重款待。

武帝踌躇满志地问达摩："朕自即天子之位以来，建造寺院佛塔无数，爱护僧尼，为佛教发展尽心尽力，请问功德如何?"

达摩听罢，大声喝道："无功德!"

武帝大为不悦："何言无功德?"

达摩断然回答："此乃杂毒之善、虚假之功德。"

人行善时，心里总惦念着"我做了这样的好事"，以功劳者自居，看不起别人。这样的善行散发着傲慢骄矜的熏天臭气。

"为别人"而行善

我们或许常常会想"为别人做点好事"、"为社会作点贡献"。但是，说起来容易做起来难。实际上，我们就算明知道戒烟对周围的人有好处，却连这一点也做不到。

报纸上刊出一则《拾金不昧的卖鱼小贩》的新闻报道，说的是一个卖鱼小贩捡到一张10元钞票，他将鱼挑子放在一边，立刻把钱交到了警察局。卖鱼小贩的邻居看到这则报道

[1] 达摩：南印度僧侣。从印度来到中国，入少林寺。中国禅宗的始祖。——译者注

以后，对他说：“就10块钱，自己拿了不就得了。”卖鱼小贩却笑答道：“正因为是10块钱，才要交啊。”的确，10元钱的报纸广告费不算贵。

“失火啦……”一对年轻的夫妇被叫喊声惊醒，慌慌张张跑到屋外。妻子忽然想起来：“啊，孩子还在里面!”于是想冲进烈火熊熊的屋里把婴儿抢出来。但是丈夫抓住她的袖子，说道：“以后还可以再生……”可见，平日里口口声声说都是为了孩子，其实归根结底考虑的还是只有自己。

某位慈善家曾在年末给生活贫困者赠送年糕。开始的两三年，每年都会收到贫困者寄来的感谢信。但是持续了几年之后，就开始听到有人说“快到年底了，也该给我们送年糕了吧”；还有的人抱怨说“今年的年糕比往年小”。慈善家一气之下，索性停止了这个活动。

本以为是件好事而努力去做，结果却得不到对方的赞扬与感谢，于是觉得“我这么为你们着想，你们却不领我的情”，“为你们做好事，却吃力不讨好”，不由得心头火起。

认为“我为你做了好事”，而希望得到对方的感谢，这期待一旦落空，便立刻决心以后再也不为对方做好事了。如此说来，“伪善者”三字拆开来就是“为人行善者”，这实在是十分贴切——口口声声为他人行善的人，不正是伪善者吗?

虽然知道“给予”比“接受”更令人愉悦，却无法完全摆脱“给予”这个意识。给予别人10元钱没有听到对方的感谢，与给予别人100元没有听到感谢相比，自然后者更令人不快。如果给予别人1000元乃至10000元而没有听到对方的感谢，恐怕就不只是后悔而已了。

越是行大善，所含毒素越猛烈。龙树菩萨[1]道破了人的善行的本质："在40里见方的结冰湖面上，泼上两三升的热水，翌日泼了热水的地方反而会隆起冰块。"（《大智度论》）

但是，在这里必须澄清可能会引起的以下误解：

这么说，人就应该冷漠无情吗？就不需要怜悯之心吗？难道就因此摒弃向善的态度吗？这不是在助长放荡不羁的行为吗？

当然不是。

"善因善果，恶因恶果，自因自果"，这因果道理是佛教最根本的教义。所以，佛教用一句话来总结，就是"诸恶莫作，众善奉行，自净其意，是诸佛教"（七佛通戒偈）。一生宣扬佛教真髓的亲鸾圣人更不可能劝人行恶。

怜悯身处逆境的人，对他们努力行善，却发现自己因此心生骄慢，以为没有人比自己更加大慈大悲——只有真心向善的人，才会觉察到自己的这种丑恶之心。越是努力想成为一个真正的善人，就越是深刻地体会到"恶性全难止"（恶性之根深蒂固），由此益发反躬自省，努力向善。然而，不管我们多么努力，所行之善也只会是出于自私自利的丑恶之心。亲鸾圣人悲叹自己的一切都是"杂毒虚假"（欺骗别人的弥天大谎），这正是无明之暗被破除的同时所得知的自己的真实面目。

[1] **龙树菩萨**：南印度僧侣。中国、日本的佛教各宗都继承了龙树的思想。——译者注

本无小慈小悲身，何谈有情利益心。

《悲叹述怀和赞》

“自以为对别人还有那么一点怜悯、同情、帮助之心，其实完全是一种错觉。亲鸾我没有一丝一毫的慈悲心肠。”

如果不彻底知晓真实的自我，绝不可能懂得这伤痛的嗟叹。

第18章

与真实的自我会面

谁会认为自己坏到一无是处

> 一切凡小，一切时中，贪爱之心常能污善心，嗔憎之心常能烧法财。急作急修如灸头燃，众名“杂毒杂修之善”，亦名“虚假谄伪之行”，不名“真实业”也。
>
> 《教行信证》

“凡事只考虑自己的得失，除了吃喝玩乐睡，对别的一概无动于衷。追求美色，沽名钓誉，追钱逐利，贪得无厌。虽然嘴上说自己愚蠢，但一旦真听到别人说自己愚蠢，立刻火冒三丈。其实心里根本就不认为自己愚蠢。一切思维言行都以自我为中心，一心一意地想着怎么自我标榜，怎么受人恭维。人的所有善行都被这种龌龊的欲望、可怕的愤怒、丑陋的嫉妒所玷污，不论多么精进不懈地努力，也不会有一个是真实的善行。一切都是伪善，都是彻头彻尾的谎言。”

亲鸾圣人对我们的恶明察秋毫，说得如此斩钉截铁。

但是，我们无论多么痛感自己可悲可叹，也不会认为自己一无是处。总是认为自己有反省之心，也有羞耻之心，还是有一点可取之处。自称是亲鸾圣人“迷”的五木宽之[1]这样谈论他对人的看法：

> 人真的是那么伟大、那么优秀吗？“生而为人感到羞耻”的感觉真的不过是可耻的消极思想吗？
>
> 我不这么认为。别的人姑且不论，就说我自己，回顾自我，深切感到自己是多么可悲可叹啊。一心只想着如何保护自己，没有真正的爱人之心。放纵欲望，不知自制，欲念强烈，难以收敛。嫌贫惧病，贪生怕死。看到报纸、电视报道外国发生的悲惨事件，如内战、饥荒、贫困等，也会感到痛心，但转瞬即逝。意志薄弱，决而不行。
>
> 五木宽之《人生的目的》

谁也不会认为自己一无是处，总觉得至少还有自我洞察、自我反省之心。那么，亲鸾圣人又是怎么说的呢？

[1] 五木宽之（1932—）：日本当代大众文学的代表作家。——译者注

在X光机面前，所有人都是丑陋的骨骼

无惭无愧之我身，

虽无丝毫真实心，

得赐弥陀名号故，

功德充满遍十方。

《悲叹述怀和赞》

所谓“无惭无愧”，指的是对别人、对自己都没有羞耻之心。

亲鸾圣人在上述和赞中坦言：“别人如果批评自己自私自利，立刻就会生气；而自己也丝毫不认为自己的存在可悲可叹。”

受到恩惠，理应高兴，却高兴不起来，既没有感谢，也没有反省。无耻者的恬不知耻，不以耻为耻，不以恶为恶，目中无人，狂妄自大，飞扬跋扈。跪伏大地谢罪尚且不够，竟然毫无忏悔之意，实在是厚颜无耻。亲鸾之心完全是死的。

由于阿弥陀佛的力量，圣人看清了自己无可救药、罪大恶极的实相，悲泣地说道：“一切善行难及之身，地狱必为永恒之家。”（《叹异钞》）对于他来说，只有绝望的深渊。

得知自己原来是一个对人对己都毫无羞耻之心、坏到一无是处的人，这就是“无惭无愧”的自觉。没有比这种忏悔更彻底的了，因而被称为独一无二的忏悔。

意大利有这样一则童话：夜晚，山上的一间小屋里，蜡

烛以为没有比自己更明亮的东西了，于是自鸣得意。后来，来了油灯，油灯也同样骄傲自大。再后来，来了电灯，电灯更是不可一世，蜡烛、油灯都自愧不如。然而，当太阳从东方升起来时，蜡烛、油灯、电灯都变得黯然无光。于是，再也听不到它们的大话了。

对于黑暗来说，蜡烛是光明，油灯比蜡烛明亮，电灯比油灯更明亮，这些都是事实。然而，在无与伦比的光芒万丈的太阳面前，只能说它们都是“暗淡无光”的。

正如在X光机面前，不论男女老少、美丑贫富，统统都是丑陋的骨骼一样，无明之暗一旦被破除，就会知道自己是永远无法得到拯救的、“无惭无愧”的极恶之人。这就叫做“机的深信”。

> 烦恼具足之众生，本无真实心，无清净心，以浊恶邪见故。
>
> 《尊号真像铭文》

“人本来就只有邪恶之心，既无丝毫真实之心，也无半点清净之心。”

这就是我们的真实面目。如果不彻底知晓自己必堕地狱，是绝对不会明白的。

第19章 现在是打开过去和未来的钥匙

永远的“现在”

在日本，一说到亲鸾圣人，人们就会联想到“恶人正机”这句话。圣人正是以主张“恶人才是被拯救的对象”而著称。

“恶人”，一般会被理解成冷酷的杀人犯、盗贼等干坏事的人。那么，亲鸾圣人所说的“恶人”，只是指这些人吗?让我们再来听一听圣人是怎么说的吧。

> 深信：自身现是罪恶生死凡夫，旷劫已来常没常流转，无有出离之缘。（机的深信）

“我已经明确知道：现在的我是一个罪大恶极之人，而且从久远的过去开始一直沉没在苦海中，未来直到永远都不可能得到拯救。”

这是亲鸾圣人思想的关键之处，所以我将不厌其繁地详加阐述。

这里所说的“自身”，既非过去的自己，也非未来的自己，而是现在的自己。亲鸾圣人说：当明确地知道了现在的自我的时候，过去和未来也都变得昭然若揭。

“自身现是罪恶生死凡夫”，其意是说得知“现在的自己”是罪恶生死的凡夫。

圣人告诉我们：当明确得知这样的自我之时，也就同时得知了“旷劫已来，常没常流转”的过去和“无有出离之缘”的未来。

这里的“旷劫已来，常没常流转”，说的是从没有起始的过去一直痛苦至今。而“无有出离之缘”，意为未来永劫不会得到拯救。亲鸾圣人称之为“地狱必为永恒之家”。

有的人或许会说，怎么可能知道前世或来生的事情呢？然而，圣人这样告诉我们：“自身现是”的“现在”，其实包含着悠久的过去和永恒的未来，所以只要彻底明确了现在，就能知道过去和未来的一切。现在，正是开启过去和未来的钥匙。

一位著名的博士在戒酒活动中到某个城市演说。有一个嗜酒如命的人不理解为什么要禁止饮用这样的美味佳酿，怒气冲冲地赶到会场。然而他越听越觉得博士说得有理，心服口服，幡然悔悟，决心戒酒。博士的演说结束后，他立刻拜访博士，一五一十地坦陈了自己的思想变化，并恳求博士无论如何写几个字作为戒酒的纪念。

“写什么呢?”博士问。

“戒酒至死，怎么样?”

“戒酒至死，那太难坚持了吧。今天一天，怎么样?”

男子觉得博士实在通情达理，十分感激，情不自禁地向前探身问道:“今天一天就可以吗?”

“是啊，今天一天就可以。”

男子把“今日戒酒一天”的字条拿回家，贴在房间的墙上，盯着大钟，急切地盼望明天的来临。夜间临近12点时，他拿出清酒，喉咙已经迫不及待地蠕动起来。12点一到，“好，现在可以喝了。”便伸手拿酒，可是抬头一看墙上那张字条，他忽然失望地惊叫起来:“啊！今天一天又要禁酒。”

“今天一天”，原来就是到死为止的意思。据说这个男子理解了“今天”的真正含义后，至死滴酒不沾。

今年结束，又是今年。今天结束，又是今天。不论是悠久的过去还是永恒的未来，始终是现在、现在……“现在”的连续。永恒的过去和未来都包含在现在之中，所以自古以来就有“永远的现在”这种说法。

后生也许就在下一瞬间

笔者在前面说过，无明之暗就是“后生黑暗之心”。一听到后生（死后），人们往往认为是30年、50年以后的事。然而事实果真如此吗?如果今晚去世,从今晚开始就是后生。

不，后生也许就在一小时，甚至是一分钟之后。

1995年日本发生大地震的时候，有的学生被压死时还保持着在桌前学习的姿势。每天，世界各地都会有许多人在交通事故中丧生，他们恐怕做梦也想不到自己会死。我们不知道什么时候就会突然进入后生。

释尊说:“出息入息，不待命终。”

出气不待吸气，生命就终结。从呼出去的气不能吸进来的那一瞬间就进入了后生，每一次呼吸都与死亡擦肩而过。例如12月31日午夜11时59分59秒，1秒钟以后，31日就变成1日，12月就变成1月，今年就变成明年。同样，今生变成后生也是在一瞬之间。因此，虽说是“后生”，其实包含在一呼一吸的“现在”里。

所以,后生黑暗之心并非是对五六十年后的事无知的心，而是对现在、此时此刻无知的心。所谓“对现在无知的心”，就是对现在的自己茫然无知的心。把“现在的自己”隐藏起来的，其实正是无明之暗。一旦无明之暗被破除，明确得知了现在的自己的真实面目，过去、未来也就变得鲜明。

本章开头所引用的“机的深信”，说的就是这个体验。“深信”绝非如“臆测”、“想象”那样的模糊暧昧，而是切切实实的亲身体验。

“恶人”——人的代名词

以《教行信证》为首，亲鸾圣人的所有著作中，没有一处对人做过善、恶之分。圣人对人的看法始终不变——所有的人都是恶人，是“旷劫已来，常没常流转”，“无有出离之缘”的“罪恶生死凡夫”。

世人一般都会把恶人理解为冷酷的杀人犯、盗贼等干坏事的人，但亲鸾圣人所说的恶人不仅仅是那样的人。理解圣人所说的“恶人”的含义没有那么简单。对于明确了所有人都是恶人的圣人来说，“恶人”是人的别名，与常识以及法律、伦理、道德所说的恶人截然不同。

那么，圣人所说的“善人”又是什么样的人呢？不言而喻，这既不是被大家称赞为“好人”的那种善人，也不是存在于人的世界之外的什么善人。

圣人所说的“善人”，是指自以为是善人的人——既不知道无明之暗，也没有过无明之暗被破除的体验，因此完全不明了只会造恶的自我实态，而骄傲自负地认为自己是“善人”的人。

例如，“认为自己想行善就能行善的人”，“认为自己比别人好，通过比较决定善恶的人”，“认为自己对己对人都有些许羞耻心的人”等。对于这些人，圣人说他们是“疑心的善人”。

一切群生海，自从无始已来，乃至今日至今时，秽恶污染无清净心，虚假谄伪无真实心。

《教行信证》

“所有的人从没有起始的过去直至今日，都被邪恶污染，没有清净之心，只有虚假谄伪，毫无真实之心。”

当然，圣人所说的“一切群生海”包括古今中外的所有人。

圣人为什么能对所有的人作如此断言呢?

从最深层的含义上说，一就是一切，一个人就是一切人。在一个人身上彻底探究到的真实，就是所有人的真实；一个人所体验的终极真理，就是一切人必将体验的终极真理。亲鸾圣人必是通过自己的真实读懂了所有人的真实，以自己一身的真理道破了一切的真理吧。

第20章

《叹异钞》中的“往生极乐之道”——法的深信

“不顾身命”，只为往生净土

如第11章所述，亲鸾圣人说道：一旦无明之暗被破除，人生目的得以实现，就会同时明确两件事——“真实的自我”和“弥陀誓愿之真实”。这也被称为“机的深信”和“法的深信”。

关于“真实的自我”，已经在前文阐述过。而“弥陀誓愿之真实”是什么呢？让我们来听听名著《叹异钞》中是怎么说的。

诸位越十余国之境，不顾身命来访之志，定只为闻问往生极乐之道也。

《叹异钞》

“你们不惜性命，从关东[1]远道前来见我，只是为了问清往生极乐之道这一件事吧。”这一段话见于《叹异钞》第2章开头部分。

亲鸾圣人曾在关东地区弘法20年，于60岁过后回到故乡京都。圣人走后，关东出现了各种问题，发生了多起事件，使聆听圣人教义的人们信仰产生了动摇。

“是不是有可以尽快获救的捷径?”

“我们是否受骗了?”

为了弄清事情的真相，关东的法友们把所有希望都寄托在亲鸾圣人一个人身上，踏上了前往京都的旅程。

关东和京都之间路途遥远，当时要穿越十几个诸侯小国，步行往返长达60天。途中不仅要经过陡峭的箱根山、湍急的大井川等多处艰险之地，还随时可能遭受强盗或山贼的袭击，是名副其实的“不顾身命”之旅。

面对冒着生命危险远道而来的关东法友，亲鸾圣人开门见山地说道:“定只为闻问往生极乐之道也。”

“你们就是为了问清往生极乐之道这一件事而来的吧。”由此可知，圣人毕生的教导除了“往生极乐之道”以外，再无其他。

那么，“往生极乐之道”是什么呢?

[1] 关东: 今东京及其周边地域。——译者注

就是“弥陀的誓愿”。前文已多次阐述，弥陀的誓愿就是阿弥陀佛发下的“破除所有人的无明之暗，使其实现人生目的”的誓言。换一种说法就是，破除所有人对死后去向不清楚的心（无明之暗），使其成为必能往生极乐净土的大安心、大满足之身。所以亲鸾圣人又将弥陀的誓愿称为“往生极乐之道”或者“渡难渡海大船”。

关东法友们就是对这个誓愿产生了怀疑。于是，为了得到必能往生净土的大安心，他们拼着性命来到了京都。这种心情也是可以想象的。

怀疑消失的时候

一个人从别人家门前走过，听见这户人家在低声议论自己：

“那个人爱发火，动不动就打人。这是他的毛病。”

“哦，是真的吗?”

这个人一听，不由得心头火起：“凭什么说我爱发火？说我动不动就打人？简直胡说八道!”结果一头闯进人家家里，拳打脚踢，把大家痛打一顿。

于是大家都清楚了，他果然是这种人。

将一大笔钱借给朋友，当朋友把钱归还自己时，对他的怀疑就会消失，知道他的承诺是真实的。同样，当成为必能往生极乐净土的大满足之身时，就会知道弥陀誓愿是真实的。这就是“法的深信”。

诚哉！摄取不舍真言，超世希有正法。

《教行信证》

“诚哉”，这是圣人因对弥陀誓愿再无丝毫疑心而发出的喜悦呼喊；也是圣人因成为必能往生净土的大满足之身，而流露出的对“法的深信”的明确表白。因为“摄取不舍真言”和“超世希有正法”都是指弥陀的誓愿。

必能往生净土的大满足，这正是亲鸾圣人90年光辉生涯的源泉。

今生、后世弥陀两次拯救（二益）

下面这段话是亲鸾圣人以弥勒菩萨为例作出的论述，由此，也可以知道他对自己必能往生净土的确信。真正理解这段文字的人，一定会对其内容感到惊讶。

真知。弥勒大士，穷等觉金刚心故，龙华三会之晓，当极无上觉位；念佛众生，穷横超金刚心故，临终一念之夕，超证大般涅槃。

《教行信证》

“真是这样啊！现在我成为和弥勒菩萨同等之身了！这完完全全是仰仗于弥陀誓愿不可思议的力量。不仅如此，弥勒只有在五十六亿七千万年之后，才能得到佛的觉位，然而亲鸾我在今生结束的同时就能前往净土得到佛觉。如此不可思议的幸福，何处之有?!”

弥勒大士是开悟了等觉的菩萨，离佛觉只有一步之遥。因为与这样的弥勒成为了同等之身，所以会感受到“生而为人真好”的生命喜悦，并且终生不变。

“真知”，是圣人惊叹于“知晓得无比鲜明”而发出的呼喊。

“现在是与弥勒比肩之身，死后还能先于弥勒得到佛的觉位!”被弥陀所救后，亲鸾圣人对今生、后世弥陀的两次拯救不再存有丝毫的怀疑。此时，圣人感受到的大欢喜完全超乎常人的想象。

在歌咏比赛中获得冠军、在奥运会上获得金牌是何等兴奋。如果说这种幸福不值一提，也许会令人惊诧，但这与实现多生永劫的目的时的喜悦相比，无异于天壤之别。

即使在今天，信仰弥勒菩萨的人也不在少数。他们如果看到上面引述的圣人的话，恐怕会认为是“蠢话”、“疯话”吧。事实上，江户时代，著名的比睿山学僧就曾唾弃《教行信证》，认为它是疯人狂语，一派胡言，弃之于窗外。这种冲动似乎也不难理解。

关于今生、后世两次弥陀的拯救，亲鸾圣人有过很多论述，而莲如上人也以问答形式通俗易懂地加以解释。

> 问曰:正定与灭度，应解为一益抑或二益?
>
> 答曰:一念发起之时，即成正定聚。此乃秽土之益。而

灭度乃于净土所得之益。故应解为二益。

《御文章》

问："弥陀的拯救是一次还是两次？"

答："今世被救摄成为与弥勒菩萨同等之身（正定聚），死的同时在弥陀的净土得到无上的觉位（灭度）。弥陀的拯救有两次（二益）。"

唯有本愿才是真实

现在回到《叹异钞》第2章。

关东的人们只为询问往生极乐之道这一个目的而不顾性命前来京都，然而亲鸾圣人对他们所说的话却令人感到意外。

因弥陀本愿为真实，故释尊说教无虚言。

因释尊说教为真实，故善导之释无虚言。

若善导之释为真实，则法然之言岂虚哉。

若法然之言为真实，焉可谓亲鸾之语虚妄哉。

《叹异钞》

"因为弥陀的本愿（誓愿）是真实的，所以只阐说了这一誓愿的释尊、善导、法然的教义就不会有虚假。既然他们的教义是真实的，怎么能说原原本本地传播他们教义的亲鸾有妄言呢？"

也许有人会提出疑问：“这样说不是颠倒了吗？”为什么呢？因为关东的人们是由于对“弥陀的本愿”产生了怀疑，才来向亲鸾圣人确认本愿是否真的如其所说那样真实无疑，而圣人却不作任何解释说明，直接把“因弥陀本愿为真实”作为大前提予以回答。那么，这个大胆的反论般的断言意味着什么呢？又是基于什么样的体验呢？

> 烦恼具足之凡夫，火宅无常之世界，万事皆为虚假，无有真实。唯有念佛才是真。
>
> 《叹异钞》

“充满烦恼的人，居住在不知何时会发生何事的火宅般的无常世界里，一切都是虚假的，毫无真实可言。唯有念佛才是真实。”

在亲鸾圣人看来，除了弥陀本愿，别无真实。“唯有念佛才是真”，只是将“唯有本愿才是真”换了一个说法而已。

除了弥陀本愿之外，此世没有任何确实之物。正因为亲鸾圣人立足于这种鲜明不动的“法的深信”，才会毫不犹豫地说出“因弥陀本愿为真实……”

弥陀的本愿是真实的，这一直就是亲鸾圣人的原点。

第21章

知晓未来的智者

智者与愚者的分界线

吾身今已岁穷，定当先行往生，必于净土相待也。

《末灯钞》

“亲鸾我今生寿命将尽，必将先行前往净土。我在净土等待你们，你们一定要来啊!”

连明天会发生什么都无法得知，圣人怎么会说得这样肯定呢？让我们从圣人的著作中找一下答案吧。

无碍光明，破无明暗慧日。

《教行信证》

“因为弥陀的光明是智慧的太阳，它能够破除无明之暗，使我们清楚知晓死后的去处。”

“智慧”也可以说是预知未来的能力。围棋、象棋的高手能看出二三十步以后的棋局变化，而棋艺差的人连一步也看不出来。那是因为他没有这方面的智慧。

谁都想知道自己的未来，都希望拥有知晓未来的智慧安心地活下去。去算命卜卦也肯定是因为不知道未来会怎样，心里感到不安。

围棋、象棋的智者，是指在其领域常胜不败的高手。那么，人生的智者是指什么样的人呢？让我们请教一下莲如上人。这段话摘自一封广为人知的信函。

> 虽知悉八万法藏，而不知后世，是为愚者；纵一字不识之尼入道，却知后世，是为智者。
>
> 《御文章》

即使是能背诵百科全书的博学之士，如果不知道后世（死后），也会被称为愚者。为什么这么说呢？因为死亡是确凿无疑的未来，人活着却不知道死后会怎样，就如同飞行员在飞行，却不知道着陆地点在哪里。

人出生的时候就好比是飞机起飞的时候，如果不知道目的地，会出现什么样的结局呢？借用顶级推销员奥城良治的话来说：

那么，到哪里去呢？咦？不知道在哪个机场着陆，既没有地图也没有指南针！管他呢，反正燃料充足，飞机结实，快快活活地飞吧！只要每天生活得愉快，这就够了。至于将来的事情，用不着担心。

就这样一天天地过去，燃料逐渐耗尽。这就是所谓“人生的晚年”。

这下可糟了，不能再继续飞行了。以前一直过着“今朝有酒今朝醉”的日子，如今要完蛋了。下面一片大山，根本看不见像是机场的地方。怎么办?！怎么办?！吓得脸色苍白，浑身发抖，在手足无措的惶恐中，飞机终于撞到山上，酿成悲惨的人生结局！

奥城良治《强力推销的秘密》

如果对确凿无疑的未来不加以思考，自然要被人嗤为愚者。与知道很多事情的人相比，知道最重要事情的人才是智者。哪怕不知道字的横撇竖捺怎么写，只要明白自己不论何时死去都一定会往生净土，明确知道死后去处，就可以说是真正的智者。莲如上人说：智者与愚者的分界线就在于“是否知道后世”。

如何才能成为智者？

亲鸾圣人说：一切诸佛、菩萨等之所以绝口称赞阿弥陀佛为“智慧光佛”，是因为他能够破除无明之暗——不知道死后去向之心（苦恼的根源）。

> 因破无明之暗故，
> 名其为智慧光佛。
> 一切诸佛三乘众，
> 所以齐声共叹誉。

《净土和赞》

前面说过，弥陀的光明（智慧）能够破除无明之暗，让我们明白自己死后的去向，所以被称为“智慧的太阳”。天无二日，同样，破除无明之暗的“太阳”也只有一个。这就是弥陀的拯救受到称赞的缘故吧。

由此可知：要成为知晓未来的智者，确知自己“必能往生净土”，只有依靠这智慧的太阳照破无明之暗。

易往而无人

“往生”一词出自佛教，本意是前“往”净土、“生”而为佛。然而，现在它的含义在日本被误用为“死”。例如，“听说邻居那个老太太今天早上往生了”等。

“往”是“前往”，“生”是“出生”或“活着”之意，即使从字面上看，也没有“死”这样消极的意思。一般人都曲解了原意。

另外，在日本，很多人都认为“人死后会进入极乐世界，都能成佛”，其实这也是对佛教的误解。大概正因为如此，所以人们把死者称为“佛”。一说“佛”，几乎所有的人都认为说的是死者。

有一次，我问一个不信教的女大学生：“佛教的佛与基督教的神有什么区别?”她回答说：“人不能成神，但能成佛。”她的回答出乎我的意料，便问她为什么。她说：“人死后不就都成佛了吗?”这个回答使我大为失望，也让我深刻反思。

人死后都成佛，这绝非佛教的教义，也不是亲鸾圣人的教导。

能够前往净土成佛的，只有已经得到弥陀拯救的人。是否已经被弥陀拯救，在活着的时候就会明确知晓，所以能否往生，也是在活着时就能够知道。一旦被救摄，无明之暗被破除，就会明确知道自己必能往生，莲如上人称之为“往生一定”。正如高考的学生在结果公布之前，对自己能否被录取没有把握，心乱如麻，忐忑不安。然而一旦看到录取通知书，就会明确知道自己考上了而安下心来。

所以，往生并不是什么人都可以实现的。

释尊说：“易往而无人。”（《大无量寿经》）意即弥陀净土容易去，但去的人却很少。也许有人觉得这句话不合情理：如果容易去，就应该去的人多，如果去的人少，就不能说容易去。

那么，释尊的这句金言究竟是什么意思呢?

所谓“易往”，说的是已经乘上大悲愿船，得以轻松渡过人生苦海的人。因为对他们来说，人生已成为前往净土的愉快的海上航行，所以“易往”。

徒步旅行要翻山越岭，一路艰辛；乘船旅行则把一切交给船长，快乐轻松。如果乘坐上弥陀本愿的大船，就能在大悲之风的吹送下，一帆风顺地前往净土，所以没有比这更“易往”的事了。

那么，为什么说净土里的人很少呢？亲鸾圣人是这样解释的：

> 所谓“易往而无人”。“易往”，即容易前往。若乘本愿力，则必能生于本愿实报土，故易往。“无人”者，因真实信心之人难有，故生于实报土之人稀少。
>
> 《尊号真像铭文》

“释尊所说的‘易往’弥陀净土，说的是已经乘坐上大悲愿船的人。因为是完全依靠弥陀一佛的力量前往，所以没有比这更容易的了。而释尊又说‘无人’，是因为乘上大悲愿船的人十分稀少。”

莲如上人的解释也是一样的，他说：

> 故《大经》谓之为“易往而无人”。此文意为：若得安心，一心信弥陀，则易往净土，然得信心之人稀少，故虽易往而少有人往。
>
> 《御文章》

“得安心”、“得信心”，说的都是被弥陀救摄，乘上了大悲愿船。所以这段话的意思是：已经被弥陀救摄，乘上大悲愿船的人易往净土，然而，乘上大悲愿船的人却很少，所以释尊说“易往而无人”。

从久远的过去以来，大悲愿船就一直停泊在我们面前。尽管船长竭尽全力地向我们呼唤，沉溺于难渡海的我们却一心只想抓住浮木，对船长的呼唤充耳不闻。

未能过足下小溪，焉可渡前方大河

亲鸾圣人的著作尤其引人注目之处，是对弥陀两次拯救的阐述，特别是对现世拯救的强调。

无因则无果。如果没有遇到平生的拯救（因），也就无法指望死后的拯救（果）。连脚下的小溪都过不去的人，又怎能渡过前方的大河呢？只有今生得到拯救的人，才能在死后往生极乐净土。

弥陀发誓救摄现世的苦恼（不体失往生），让人们活在未来永恒的幸福里(体失往生)。“体失不体失往生”的争论，明确了今生后世两次拯救（两个往生）才是弥陀誓愿的本意(参照第10章)。

善慧房证空不知道今生的拯救，只把死后的拯救作为弥陀的誓愿。正是亲鸾圣人纠正了他的错误。

未来永劫是幸福还是不幸，取决于活着的时候。

第22章

心灵无法想象、语言无法表达的世界

“百思不得其解”

一旦被誓愿不可思议所拯救，无明之暗被破除，便会毫无怀疑地清楚知道两件事：“必定永堕地狱（机的深信）”和“必能前往极乐（法的深信）”。

因为同时明确知晓必定堕入地狱和必能前往净土，所以称之为“机法二种一具之深信（二种深信）”。

“必堕地狱”和“必往极乐”，这两件事情怎么可能同时知道呢？二种深信的世界是无法用常识来解释的，只能以不可思议来形容吧。

在亲鸾圣人的著作中，充满了对二种深信之不可思议的赞叹。下面略作介绍：

佛说五不思议中，
无比佛法不思议。
所谓佛法不思议，
即为弥陀之弘誓。

《高僧和赞》

“释尊说世上有五种不可思议，其中最不可思议的是‘佛法不可思议’。所谓‘佛法不可思议’，说的就是弥陀拯救的不可思议。”

五浊恶世之众生，
若信选择之本愿，
不可称说不思议，
功德充满行者身。

《高僧和赞》

“真是不可思议！为什么罪业深重的我竟然得到了救摄？为什么我会如此愉快？为什么我会如此幸福？为什么像我这样的恶人还能存在于这个世上？百思不得其解……进入佛法不可思议的世界，所有人都会全身充满生命的欢喜和满足。”

亲鸾圣人那种“不可称、不可说、不可思议”的欢喜雀跃之情跃然纸上。

不可思议的信乐

自利利他皆圆满，
归命方便巧庄严，
心思言语皆断绝，
速归不可思议尊！

《净土和赞》

“弥陀一切完备的拯救，完全超越了语言所能表达的境界、思维所能想象的范畴。真希望所有的人都能尽快遇到弥陀誓愿的不可思议。”

亲鸾圣人在这首《净土和赞》中极力将自己浑身洋溢的喜悦传递给大家。他的心情迫切焦灼，如同急于向尚未品尝佳肴的人说明其美味一样。圣人的火热之心令人感动。

这种心灵无法想象、语言无法表达的世界，圣人高声地将其赞颂为“大信海”。

凡按大信海者，不简贵贱缁素，不谓男女老少，不问造罪多少，不论修行久近。

《教行信证》

亲鸾圣人如此断言：“不论贵贱、僧俗、男女老少、罪孽轻重、善根多少……大信海不拒绝任何人，那是完全自由的世界。”

接着，圣人连续使用14个“非”字，否定人的一切智慧。这无疑是对心灵无法想象、语言无法表达的“二种深信”最极致的表现。

> 非行非善，非顿非渐，非定非散，非正观非邪观，非有念非无念，非寻常非临终，非多念非一念。唯是不可思议、不可称、不可说信乐也。
>
> 《教行信证》

有这样一则笑话：一个小和尚端着炭火，不小心脚下绊了一下，火星落到他的脚背上。小和尚烫得“哎呀呀”叫着跳起来。住持见他这个样子，便想捉弄一下，问道：“小和尚，你刚才叫‘哎呀呀’，这到底是什么意思啊？你说说看！”

“噢……噢……”小和尚回答不上来。

住持大声呵斥道：“这么点事都解释不了，还想当和尚吗?!”

小和尚无言以对，突然把手里剩下的炭火往住持光秃秃的脑袋上撒过去。

“哎呀呀！哎呀呀！你干什么?!浑蛋！”住持忍不住吼叫起来。

小和尚立刻反唇相讥：“师父，请您说明一下什么叫‘哎呀呀’。要是连这个都解释不了，还怎么当住持？”

从这则笑话可以体会到，就连很一般的体验，也极难表达。何况亲鸾圣人要向人们拼命传达的是语言文字都无法表述的，甚至无法想象的“大信海”的世界。因此圣人最后也只好说：“唯是不可思议、不可称、不可说之信乐（信心）也。”从中仿佛看到合掌感激涕零的圣人的尊容。

与幸福永远无缘之人得到无上的幸福

觉如上人[1]这样讲述弥陀拯救的不可思议。

> 正因以本愿之不可思议，使绝对不可生者业已出生，故名其为“超世之悲愿”，亦称之“横超之直道”。
>
> 《改邪钞》

“正因为弥陀的本愿（誓愿）使永远与幸福无缘的人得到了无上的幸福，所以唯有尊之为不可思议、实在不可思议。”

使“绝对不可生者”“业已出生”的本愿之不可思议是怎么回事呢？假设有一个难产儿，被全世界的妇产科医生都诊断为“不可生”。在大家都束手无策、准备放弃之时，却有一位医生使他顺利地生下来了。那么这位医生一定会受到所有人的称赞，被誉为不可思议的名医。

什么叫“绝对不可生者”呢？就是“永远与幸福无缘的人”。

所谓“使之业已出生”，就是“让其得到了绝对的幸福”。

[1] 觉如上人（1271—1351）：亲鸾圣人的曾孙，著有《执持钞》《口传钞》《改邪钞》《御传钞》等。——译者注

由于是“业已”，所以这显然是在活着的时候。

得知自己是“绝对不可生者（永远与幸福无缘）”而堕入绝望深渊的人，却被弥陀本愿所拯救而“业已出生（得到了绝对的幸福）”。因而得知弥陀的本愿是多么的不可思议！不由得赞叹其为超越了人的智慧的“超世之悲愿”、“横超之直道”。

“真的有这样的世界吗?”大概有许多人会惊讶地瞪圆眼睛，而绝大多数人恐怕根本就不予理睬:“胡说！不可能有这种事!”

对于这些人，亲鸾圣人告诫道:“是啊，因为这是连弥勒也无法知察了解的世界啊。”

以补处之弥勒菩萨为首，无人知佛智之不可思议。

《末灯钞》

“连最接近佛觉的弥勒菩萨也无法知道佛智的不可思议，他人更是不得而知。”

第23章

人生目的一旦完成，会发生什么变化呢？

心如畅游于净土

人生有目的——就是依靠弥陀的力量破除无明之暗，获得未来永恒的幸福。

亲鸾圣人明确断言。

那么，一旦无明之暗被破除，会发生什么变化呢？让我们接着听一听圣人的教导吧。

已能虽破无明暗，
贪爱嗔憎之云雾，
常覆真实信心天。
譬如日光覆云雾，

云雾之下明无暗。

《教行信证》

“无明之暗一旦被破除，就会看到自己赤裸裸的原形，除了欲望、愤怒、嫉妒等烦恼以外，没有任何别的东西。但是，正如不论云雾如何遮天，只要太阳出现，云雾下面就是明亮的一样，尽管依然充满着欲望、愤怒、嫉妒等烦恼，心却如畅游于净土般明朗愉快。”

佛教把欲望、愤怒、嫉妒等称为烦恼，并把人称为“烦恼具足的凡夫”，就是说人是由烦恼构成的，除了烦恼别无他物。

在这段话中，圣人把构成人的108种烦恼比喻为云雾，把被弥陀救摄的世界（真实信心）比喻为天。

一旦得到了弥陀的救摄，无明之暗被智慧的太阳破除，就会得知自己是由欲望、愤怒等构成的烦恼具足之人。这就是“贪爱嗔憎之云雾，常覆真实信心天”的告白。

下面这段话中圣人再次指出：除却欲望、愤怒、嫉妒之外别无其他——这就是烦恼具足的人的实态（机的深信）。

所谓“凡夫”，无明烦恼溢满我等之身，欲亦多、嗔怒嫉妒之心多而无间断，直至临终一念，不止不消不绝。

《一念多念证文》

（这里所说的“无明”，并非遇到弥陀拯救时就会消失的无明之暗，而是指欲望、愤怒等烦恼。）

“人是由欲望、愤怒、嫉妒等构成的，这些烦恼至死都不会平息、减少，当然也绝对不可能根除。”

但是，不论云雾如何遮天，只要太阳出来，云雾下面就是明亮的。同样，不论烦恼之云如何遮蔽天空，在智慧的太阳照耀下，心就如畅游于净土般明朗愉快。这样的世界，圣人将其断言为“云雾之下明无暗”。

然而，如果没有太阳，就不会知道有遮天的云雾，也不会知道黑暗之为黑暗，更无从知晓“云雾之下明无暗”的世界。

同样，如果无明之暗没有被智慧的太阳破除，我们就不会知道自己是烦恼具足之身，也不会知道无明之暗之为黑暗。当然更无从知晓满心烦恼即满心喜悦的畅游于净土之心。

亲鸾圣人的这段话以巧妙的比喻指出：成就人生目的的关键不在于有无烦恼，而是取决于是否破除了无明之暗。

无欲无求就是幸福吗?

一听说“被拯救”，有的人就认为心态会发生变化，什么事都往好里想；有的人则认为会变得多少能忍受一些痛苦。

五木宽之这样推测：

> 那么，会发生什么变化呢？大概是这样的吧：觉得痛苦依然存在，但却可以忍受了。我之所以不作断言，是因为我认为即使得到了真实的信仰，人有时也会失去活下去的力量。

这只能说是“并非人的意志所能左右”。

五木宽之《人生的目的》

另外，还有人认为，得到拯救之后，会从执著中解放出来，对钱财淡泊，人生变得逍遥自在。

中国的老子说，幸福就是“知足”。在日本，出于对泡沫经济的反省，有一本名为《清贫思想》的书一度成为热门话题。这或许是因为有不少人认为，要想得到幸福，就必须抑制自己的欲望吧。甚至还有人认为，不彻底根除欲望，就得不到幸福。对于这样的人，卡利克勒斯[1]嘲笑说：如果说欲望消失就是最大的幸福，那么石头、尸体就是最幸福的。

虽说如此，但若要满足无穷无尽的欲望，那肯定至死都难以做到，必将痛苦一生。怎样才能得到幸福？所有的哲学、思想都在这个问题上束手无策。

然而，亲鸾圣人用“云雾之下明无暗”这句话直截了当地指出：这世上存在着令人惊叹的幸福，这种幸福是欲望、愤怒等烦恼不减少不消除就能够体验到的。

在这里，圣人再一次试图用语言文字表达超越了言语和思维的世界。这无疑是对不可能之事的挑战。真实的拯救（二种深信）是语言所无法表达的，但因为没有别的传达方式，圣人也只好以比喻加以说明。

[1] 卡利克勒斯：希腊哲学家柏拉图的对话集《高尔吉亚篇》中的登场人物。——译者注

烦恼即菩提

无明之暗被破除，圣人得知自己的心中充满了烦恼，于是发出“可耻、可伤”的忏悔，这忏悔同时变成了“庆哉……庆喜弥至”的欢喜。这样，苦恼成为了欢喜的源泉。为了阐说这烦恼即菩提的不可思议，圣人以如下的比喻加以说明。

罪障成为功德体，
恰可喻为冰与水，
冰若多则水亦多，
障若多则德亦多。

《高僧和赞》

“无明之暗一旦被破除，欲望、愤怒等烦恼（罪障）之冰就会消融，化作幸福喜悦的菩提之水（功德体）。如同冰的体积越大，所融化的水越多一样，罪大恶极的亲鸾才是无与伦比的幸福者。”

犹如涩柿子的苦涩转化为甘甜，满心烦恼（痛苦）会转化为满心功德（幸福）。亲鸾圣人的断言没有丝毫的犹疑。

主上、臣下，背法违义，成忿结怨。

《教行信证》

“从天皇到臣子，都在违逆佛法，践踏正义，任怒而为，犯下大罪。啊，这是多么残暴的行径!”

这是亲鸾圣人在35岁时，遭受当权者的专横迫害，被流放到越后（今新潟县）时发出的愤怒呼喊。然而，同样是对这次流放，亲鸾圣人又感叹道：

> 大师圣人（法然上人）倘未被处以流刑，吾亦不应赴配所。若吾未赴配所，将以何教化边鄙之群类哉。此亦为师教之恩所致也。
>
> 《御传钞》

“如果法然上人没有遭受流放之刑，亲鸾我大概也不会被流放。如果我没有遭受流放之刑，肯定没有机缘将人生的目的告诉越后的人们。这是多么值得庆幸的事情啊！一切都要感谢法然上人。”

叹息多，则歌声高。这就是苦恼转化成欢喜的源泉——“转恶成善”（恶转化为善）、“烦恼即菩提”（烦恼转化为菩提）的实证，也正是大信海之不可思议！

> 深知如来矜哀，良仰师教恩厚。庆喜弥至，至孝弥重。（中略）唯念佛恩深，不耻人伦嘲。
>
> 《教行信证》

“为什么会如此幸福地得到弥陀的拯救啊？我无比欢喜，

由衷感激，越发感受到如来的深厚慈爱。无论受到怎样的诬蔑谩骂，也必将勇往直前。”

嘲笑、谩骂、镇压等越是猖獗地蜂拥而至，亲鸾圣人报谢如来深恩的喜悦心情就越强烈，这贯穿了他整个坚强的人生。

“众祸波转”（痛苦转变为喜悦），圣人带着喜悦的光辉，微笑着向我们走来。

第24章

《叹异钞》与人生目的

摄取不舍之利益

《叹异钞》作为一本记载了亲鸾圣人教导的古典名著，在日本广为人知。该书共有18章，其全部内容都凝缩在第1章里，而第1章的内容又都凝缩在开篇的“被弥陀誓愿不思议所拯救”这一句话里。所谓“弥陀誓愿不可思议的拯救”，说的正是“二种深信”。

作为一篇名文佳作，《叹异钞》给世人留下了深刻的记忆。然而，如果不知道“二种深信”，这本书就会变得如同让小孩手拿剃刀一样危险。所以莲如上人忠告说，《叹异钞》并不是任何人都可以看的。

让我们先探讨一下第1章的前半部分吧。

信“被弥陀誓愿不思议所拯救，必遂往生”，欲念佛之心发起之时，即获摄取不舍之利益也。

应知弥陀本愿，不简老少善恶之人，唯以信心为要。

《叹异钞》

“弥陀誓愿是指阿弥陀佛所发下的誓言——无论如何要使所有人获得摄取不舍之利益（绝对的幸福），成为必能往生净土之身。当得知弥陀这一誓愿是真实的，欲念佛之心生起之时，就会获得摄取不舍的利益，得到绝对的幸福。弥陀的拯救完全没有善人恶人之分。”

阅读《叹异钞》的动机应该有很多。因为是佳作、是名篇，或者是对亲鸾圣人感兴趣等。不过，我更希望大家都是为了获得书中所说的“摄取不舍之利益”。

“摄取不舍”是救摄而不舍弃，“利益”是幸福的意思。“摄取不舍之利益”就是被牢牢地救摄而绝不会被舍弃的幸福。

我们心中总是潜藏着隐隐的不安，担心自己会被幸福所抛弃。难道不是吗？我们害怕失去健康、孩子、恋人、朋友，害怕被公司、金钱、财富、名誉、地位所抛弃……无论得到什么样的幸福，都是战战兢兢，如履薄冰，生怕这些会离自己而去。因为我们知道，自以为到手的欢乐其实只是一枕黄粱，相信已握在手中的幸福也不过是昙花一现。即使幸福会短暂持续，被一切抛弃的时刻也终将到来。

让我们再来看看莲如上人的遗训吧。

> 将死之时，曾赖以依凭之妻、子、财宝，无一相随我身。故死出山路之末、三涂大河，须唯我一人独渡。
>
> 《御文章》

“在即将死去的时候，一直作为人生依靠的妻子、儿女、财产，都丝毫依靠不上。曾拥有的一切都将弃自己而去，不得不一个人离开这个世界。赤条条地，究竟去往何方?”

盛开的鲜花终有凋落的时候。一旦站在死亡的边缘，曾经不惜一切聚敛而来的财富、名誉、地位，全都会离开自己，不得不孤单单地离开这个世界。还有比这更不幸的事情吗?面对走向如此巨大悲剧的人类，亲鸾圣人明确地指出了绝对幸福的俨然存在。

获得“牢牢地被摄取而绝对不会被舍弃”的幸福，感受到释尊所说的“人身难得今已得（生而为人真好）”的生命喜悦——这光辉灿烂的“摄取不舍之幸福”，才是所有人共同追求的人生目的。

“欲念佛之心”发起之时

喜欢《叹异钞》的人虽然很多，但知道“获得摄取不舍之利益”是人生目的的人恐怕很少。这也许是“不识庐山真面目，只缘身在此山中”的缘故吧。

在《叹异钞》中，得到摄取不舍之利益、成就人生目的的人被称为“念佛者”，而那个无比幸福的世界被称为“无碍之一道”(《叹异钞》第7章)。

关于无碍之一道，我将在下一章中详述。这里首先要阐述的是，如何才能获得摄取不舍之利益呢?

答案在这句话里:“欲念佛之心发起之时，即获摄取不舍之利益也。”

《叹异钞》中明确指出:获得摄取不舍的幸福，是在产生“欲念佛”之心的时候。既不是念完“南无阿弥陀佛”就可以获得，也不是只要持续念佛就能够获得。而是在念佛之前，在“南无阿弥陀佛”的“南”字还没有说出来之前，“欲念佛”之心产生的时候。

但是，产生“欲念佛”之心的时候也有各种不同的情况。

比如说在三更半夜独自路过墓地的时候念佛。即便是无意识的，大概也会是出于驱鬼辟邪的心理。或者是在亲人去世的时候伤心哀痛地念佛。也有演员在演出的时候，按照剧本的要求照本宣科地念佛。这些虽然同是产生了“欲念佛”之心，其动机却各有不同。

弥陀所赐的“他力之信心”

那么，“欲念佛之心”是什么样的心呢?这就成为了一个重大的问题。因为这个“心”是能否获得摄取不舍幸福、能否实现人生目的的关键。

《叹异钞》第1章的第一句话“信‘被弥陀誓愿不思议所拯救，必遂往生’”，正是对这个心的阐述。

所谓“被弥陀誓愿不思议所拯救”，就是获得摄取不舍之利益，明确得知了弥陀誓愿之不可思议。而“信必遂往生”，就是知道不论何时死去，都必能往生净土，已经明确死后的去向。

在《叹异钞》第 1 章中，“被弥陀誓愿不思议所拯救”、“信必遂往生”、“欲念佛之心”、“摄取不舍之利益”，这四句话虽然用词有所不同，其实说的都是在同一个时刻产生的同样的心。只是由于无法同时写出或说出，在表达时才会有先有后。

因为这些全都是由弥陀所赐，所以说“获得”摄取不舍之利益；因为是弥陀所赐之心，所以称为“他力之信心”。所谓“他力”，就是“弥陀所赐”的意思。

唯“他力之信心”至关紧要

圣人在下面这段话中说道：得到他力之信心，就是获得摄取不舍之利益。

> 所谓信心决定，即蒙摄取之时也。此后居于正定聚之位，直至往生净土之时。
>
> 《末灯钞》

“所谓‘信心决定’，就是指获得摄取不舍之幸福的时候。此后成为必能往生净土的大安心、大满足的‘正定聚’之身，直至死亡。”

“信心决定”，也被圣人称为“信心获得”。“信心”原意是指信仰之心。一般人听到信仰之心，大概会联想到相信求神拜佛就一定能发财、能治病的那种信仰之心吧。然而，亲鸾圣人所说的“信心”却完全不同。圣人指的是弥陀所赐的“他力之信心”，亦即“二种深信”。这是在“欲念佛之心发起”的瞬间，得到摄取不舍之幸福、完成人生目的时所获得的“信心”。在凝注了其毕生心血的《教行信证》一书中，“他力之信心”是圣人阐述的唯一主题。正因如此，圣人的教义被称为“唯信独达之法门”，就是“只要获得他力之信心，就能完成人生目的”之意。

对此，《叹异钞》第 1 章中这样强调：

> 应知弥陀本愿，不简老少善恶之人，唯以信心为要。
>
> 《叹异钞》

“能否获得摄取不舍的幸福，与是男是女、是老是少、是慈善家还是杀人犯、是聪明还是愚蠢等毫无关系。唯一至关紧要的就是‘他力之信心’。”

那么，“念佛”又是怎么回事呢?

圣人说：获得摄取不舍利益之后的念佛，都成为报恩感谢的念佛，皆是出于实现了人生目的的喜悦而情不自禁地诵念。

莲如上人对“念佛”的教导也是一样的。

> 所谓“摄取不舍”，乃摄取且绝不舍弃之意也。为弥陀摄取者即称为获信心之人。此后无论醒、寐、坐、立，凡称念“南无阿弥陀佛”，皆乃感念此身被弥陀所救，为报佛恩之念佛也。
>
> 《御文章》

“被弥陀拯救成为‘摄取不舍’之身的人，出于被拯救的喜悦而情不自禁地诵念‘南无阿弥陀佛’。这是充满感激的念佛。”

然而不知何故，在日本，连学校的教科书上都写着：亲鸾圣人的教义是只要念佛即可往生极乐世界。如果这是出于对有着“剃刀圣教”异称的《叹异钞》的误解，那就太令人遗憾了。

恶人为什么能成为无上的幸福者?

对大人来说不可或缺的剃刀，在孩子手里就可能变成凶器——潜藏着这种危险的话语在《叹异钞》中随处可见，所以该书也被称为“剃刀圣教”。

《叹异钞》第1章的后半部分也非常容易引起误解。

因其乃为拯救罪恶深重、烦恼炽盛众生之愿也。

故若信本愿，则无需他善，因无有胜于念佛之善故；恶亦不需惧，因无有障碍弥陀本愿之恶也。

《叹异钞》

“恶人为什么能获得无上的幸福？因为本愿是为了拯救罪业最深重的人。所以如果已经被弥陀的本愿所救摄，就不需要一切善，也不会对任何恶感到害怕。因为没有比被弥陀救摄更令人欢喜的幸福，也没有任何恶能够破坏这个幸福。”

如果不知道二种深信，在理解这句话时就会出现很大的谬误。

亲鸾圣人在世时，就有人擅自曲解圣人的教义，而满不在乎地肆意造恶。他们以为：“要得到弥陀本愿的拯救，没有比念佛更大的善了，所以只要念佛，而不需要做其他善事。因为没有本愿所不能拯救的恶，所以也不用惧怕造下任何罪恶。”圣人时常忠告他们“千万不得放逸无惭”，即不要随心所欲地任意造恶，还没有丝毫羞耻之心。

下举两处亲鸾圣人所写的话语：

自谓往生已定，不应为之事而为之，不应思之事而思之，不应言之事而言之，此乃万万不可之事。

《末灯钞》

“扬言说自己可以往生极乐净土了，而为所欲为地做不应做的事，想不该想的事，说不应说的话，这些都是绝对不可以的事情。”

> 似有人互做此言：因是烦恼具足之身，便可随心所欲，任身为不应为之事，任口言不应言之事，任心思不应思之事，心所想而即为之。此乃甚为可悲之事。
>
> 恰如酒醉未醒而更劝，中毒未消而益勉。“此处有药，可好毒”，出此言者，何处之有！
>
> 《末灯钞》

“有些人似乎在大言不惭地互相谈论：‘反正我们是烦恼具足的凡夫，即使恣意地做些不该做的事，说些不该说的话，想些不该想的事，也是没有办法的。并不需要刻意约束自己。’这实在是可悲可叹之事。

“对着已经酩酊大醉的人，还劝他进酒，看着为中毒而在痛苦的人，还对他说：‘反正这里有解药，你要尽情地喝毒。’这种愚人，哪里找得到?!”

真意竟是如此难以被理解！亲鸾圣人的悲愤之情跃然纸上。

超越了善恶的世界

什么是“无需他善，因无有胜于念佛之善”呢？比如说，长期被痛苦的顽症所折磨的人，如果已经用特效药治愈了疾患，还会去寻找其他的药吗？如果还想要别的药，只能说明他的病还没有好。对于明确知道已被弥陀拯救的念佛者来说，不可能再有为了获救而力行之善。如果还在为获救而努力行善，这只能说明他还没有得救。

圣人在这句话中明确指出：获得摄取不舍的幸福、实现了人生目的之人，会在每一次呼吸的瞬间感受到生命的尊严，不由自主地竭尽全力去行善以报谢佛恩，但心中却不会有一丝一毫“为达成人生目的而行善”的想法。

“恶亦不需惧，因无有障碍弥陀本愿之恶也。”是怎么回事呢？

一切善行难及之身，地狱必为永恒之家。

《叹异钞》

“任何善行都做不到的亲鸾，除了地狱无处可去。”

对于得知自己是无比罪恶之人，除了地狱之外别无去处的圣人来说，已没有任何恶能够使他感到害怕，就好像对于已被最高法院判处死刑的人来说，不会有任何其他判决会使他感到恐惧一样。

若信弥陀本愿，得到弥陀的拯救，就会同时得知自己必堕地狱（绝对无法得救）也必往净土（必定得救），进入这不可思议的二种深信的世界。所以，“恶亦不需惧”的告白也是理所当然。

之所以惧怕自身的罪恶而产生不安，是因为还没有得知自己其实是必堕地狱的极恶之人。

得到弥陀的拯救，知道了自己是烦恼炽盛、罪恶深重之人的念佛者，会在善亦不欲恶亦不惧、超越了善恶的世界里获得大满足。亲鸾圣人如是说。

第25章

人生目的是“无碍之一道”

“不自由，毋宁死!”——真正的自由在哪里?

“依智而行，则生硬刻板；任情而动，则随波逐流；固执到底，则窘迫坐困。总之，此世间难以安居。”（夏目漱石《草枕》）

“人，生而自由，却又无往而不在枷锁中。”（卢梭[1]《社会契约论》[2]）

古往今来，人们都在发出同样的叹息。

孩子被禁锢在父母的殷切期望里，丈夫被束缚在工作中，妻子则被家庭紧紧地拴住。而年老以后，又被遗忘在狭小黑暗的房间里如同幽闭。每个人心中都渴望着自由，却似乎哪

[1] 卢梭（1712—1778）：法国启蒙思想家、哲学家、教育家、文学家。——译者注

[2] 译自日文版《社会契约论》（井上幸治译）。——译者注

里都没有自由。

然而，亲鸾圣人却宣告说，存在着没有任何障碍的世界，那就是“无碍之一道”。《叹异钞》第7章中这样记载：

> 念佛者，无碍之一道也。若谓缘何？信心之行者，天神地祇亦敬伏，魔界外道亦不能障碍，罪恶之业报亦不感，诸善亦不及，故曰无碍之一道也。云云。
>
> 《叹异钞》

简单地说，意思是这样的：“得到摄取不舍利益的念佛者，将活在任何障碍都不再成为障碍的美好世界里。这是为什么呢？因为得到他力信心的行者，成为了天地诸神也俯首敬仰、魔界外道也诚惶诚恐的念佛者；成为了一个任何恶报都不以为苦、任何杰出人物努力（诸善）的结果都无法企及的、完全无拘无束的自由人。”

“念佛者，无碍之一道也”，圣人的这句断言首先就令人惊讶。

提到念佛者，大概会被认为是所有称念“南无阿弥陀佛”的人吧。其实虽然同是念佛，念佛之心却各不相同。比如泪水，即使其化学成分完全相同，也可分为“喜悦的泪水”、“悲伤的泪水”、“懊悔的泪水”等，因为流泪时的心情各有不同。同样，虽然都是在称念“南无阿弥陀佛”，有的人认为“念佛不过是诸善中的一种”，有的人却相信“念佛是一切善行远不能及的至善”。

然而，还存在着一种念佛者，那就是已经被拯救到无碍之一道的世界，出于满心欢喜而情不自禁地称念“南无阿弥陀佛”的人。亲鸾圣人所说的正是这种念佛者，也就是前一章阐述过的获得了他力信心、成为摄取不舍的无上幸福之身的人。在上面引用的文字中，“念佛者”随后即被称为“信心之行者”，由此也可以清楚地知道这一点。

“雨不要停，山再荒凉些，路再远些……”

在这到处都是障碍的世界里，障碍重重，却能自由自在地生活，这是真的吗？要使所有人都能理解不太容易，就让我们通过这样一个比喻来想象一下吧。

有一个少年，每天都要独自翻越一座山去上学。

有时在课外活动后回家，天色已晚，荒凉的山路令人害怕。夏天要顶着炎炎烈日，冬天要冒着漫天风雪。如果碰上下雨，山坡瞬间就水流如注变成了瀑布。

“啊，要是学校离家近一点那该多好……要是没有这座山那该多好……”他痛恨遥远的学校和难行的山路。

不久，从别的学校转来了一位美丽的少女，而且她与少年住在同一个村庄。从此，两人总是一起上学放学，一路上谈论学校的遥远、山路的荒凉等，成了很好的朋友。

有一天，他们放学回家，刚出校门不久就遇上了阵雨，而且看起来不会很快就停。只有女孩带着伞，于是两人只好撑一把伞前行。

“雨不要停……山再荒凉一些……路再远一些……那该多好。”少年一路上在心中暗自企盼。

他曾经那样怨恨道路的遥远、山路的荒凉；而现在，这些事情虽然没有丝毫改变，却不再为之感到痛苦。从前的“障碍”似乎反而带来了快乐。大概每个人或多或少都有过这样的体验吧。

在不自由的世界中尽享自由

现在再回到《叹异钞》第7章。

“天神地祇亦敬伏”，这并不是说因为连天地诸神都对其敬伏，念佛者就会受到所有人的尊敬。如果知道身为念佛者的圣人一生都备受诽谤中伤，其理不言自明。

那么，又为什么说连天地诸神都敬伏呢？天神地祇敬伏的是破除苦恼根源（无明之暗）的弥陀誓愿不可思议的力量，以及念佛者开显弥陀誓愿的坚定信念。

下一句的“魔界外道亦不能障碍”，也并不是说不会遇到灾难及不幸，或者不会遭受外道或邪教徒的诽谤攻击。而是说：念佛者获得了“生而为人真好”的生命喜悦，不论遭受多大的嘲笑攻击，都会毅然决然地全力弘扬弥陀的誓愿。念佛者这种弘扬弥陀誓愿的坚定步伐是任何人都无法阻挡的。

“唯念佛恩深，不耻人伦嘲。”（《教行信证》）

这就是四面楚歌的90年生涯中，亲鸾圣人得以如此激烈、严厉，独自勇往直前的原因吧。

所谓“罪恶之业报亦不感”，就是说无论什么样的恶报，都不会影响弥陀的拯救。被弥陀拯救的人会获得无论何时死去都定能往生净土的大安心，并且这个大安心不会受到任何恶报的影响。在遇到灾难或不幸的时候，念佛者深知“种瓜得瓜，种豆得豆”，明白一切恶果都是自己造成的，从而深深忏悔自己种下的恶因。与此同时，又会为自己这受到任何报应都不为过的罪大恶极者，竟然得到弥陀不可思议的拯救，成为摄取不舍的幸福者而深感欢喜。

“细思弥陀之誓愿，但为亲鸾我一人!”就这样，一切痛苦都转化为忏悔和欢喜，所以说“罪恶之业报亦不感”。正是因为亲鸾圣人同时得知了“必堕地狱”的真实自己，以及使这样的自己“定往净土”的弥陀誓愿，才会作出这样的断言。

悲伤与喜悦、不安与安心、灾难与幸福……一切都转化为充实生命的纯洁的光辉。这样的世界，是人为努力的任何结果都无法企及的，所以说是“诸善亦不及，故曰无碍之一道也”。

在不自由的世界中得以尽享自由，这“无碍之一道”才是所有人追求不已的终极目的。

第26章

“如众水入海一味”
——人生目的万人皆同

所有人共同的误区

“人生的目的是因人而异的。”

“不可能存在所有人共同的人生目的。”

一听到这些言论，亲鸾学子们肯定都会想起那一场争论。

据《御传钞》记载，亲鸾圣人还在法然上人门下做弟子的时候，曾和法然上人的高足——圣信房、势观房、念佛房就同样的问题发生过争论。

圣信房等人主张：“我们不可能具有和法然上人同样的信仰之心，这是理所当然的事情。师父被尊称为‘智慧第一的法然房’，我们怎么可能和他具有同样的信心呢？”由此可知，他们对法然上人是多么地尊崇。

然而，亲鸾圣人却彻底否定了这些法友的观点。圣人说道:“亲鸾的信心与法然上人的信心完全一样。这绝不是说我和师父的智慧、学问、才能等一样。我说的是信心。”

圣人的主张使法友们大吃一惊，迷惑不解，他们随即表现出强烈的不快，攻击圣人是冒渎师父的傲慢小人。这是因为圣信房、势观房、念佛房三人根本就想不到还有与智慧、学问、经验等无关的信仰之心。

这场争论被称为“信心同异之争论”，是亲鸾圣人一生中的三大争论之一。

为什么会在这里想起这个争论呢?笔者将在下文阐述，因为“信心因人而异”的主张与“人生目的因人而异”的主张完全相同。

“人生目的，亲鸾与法然上人完全相同”

所谓“信心”，原意为“信仰之心”。说到“信仰”，一般会联想到宗教信仰、思想信仰。所以，有些人也许觉得与自己没有什么关系。然而，从广义上来说，“信心”也可以说是对自己心灵支柱的相信或是依赖:孩子相信父母，妻子相信丈夫;人们相信生命、健康、金钱、财产、名誉、地位等等。事实上，我们不可能没有心灵的支柱。如果不相信什么，人就无法生活下去。所以，我们每个人其实都持有自己的“信心”。

有人相信自己的健康，有人相信金钱的力量，有人相信权力、名誉、地位能带给自己幸福，也有人相信科学、医学，或者某种思想。人之所信多种多样。并且，不仅相信的对象有所不同，“怎样”相信更是依各自的智慧、学问、经验不同而各有所异。由于人们一般把各自视同生命般相信的事物说成是自己的“人生目的”，所以自然就会出现“人生目的（信心）因人而异”的看法。

圣信房、势观房、念佛房三人的主张，换个说法就是：“法然上人的人生目的与我们的当然不会一样。师父被赞誉为智慧第一，我们怎么可能实现与他一样的人生目的呢？”

但是，亲鸾圣人却不同意这种人生目的因人而异的主张，他针锋相对地说道：“人生的目的，亲鸾与法然上人是完全一样的。这绝不是说我的智慧、学问、经验等和师父一样。我所说的，是作为人出生到这世上的目的。”

“自力之信心”因人而异

法然上人给这场争论作了结论：

> 所谓信心相异，乃自力信心之事也。即智慧各异故，信心亦各别。
>
> 然他力之信心，无论善恶凡夫，皆受赐于佛。故源空之信心、善信房之信心，更无相异，乃同一也。非我贤而信。
>
> 信心相异之人，断不能前往吾将往之净土。此应真知切记。
>
> 《御传钞》

法然上人一针见血地指出：信心之所以会不同，是因为那些都是“自力之信心”。那么，为什么自力之信心就会各不相同呢？这是因为它建立在必将崩溃的人的智慧、学问、经验等基础上。

然而，这世界是多么不公平啊。有聪明的人，也有愚笨的人；有善恶之分，也有高矮之别，没有两个完全相同的人。同样，学问、才能、经验等也是因人而异，千差万别。在这些千差万别的基础上建立起来的自力之信心，只会是每个人自身的信心，而绝不可能是所有人都共同的。

有这样一则故事：从前，有两个人分别从山村和渔村来到城市游览，他们同住在一个旅馆里，发生了争执。来自山村的人说：“太阳绝对是从山背后升起来，再落到山背后。”来自渔村的人寸步不让，针锋相对地说：“胡说！太阳是从海上升起来，再落到海里。这是我每天都亲眼看见的。”这时，旅馆老板走过来，笑着说：“你们两个都说错了，太阳是从屋顶上升起来，再落到屋顶下面去的。”

据说，钟摆走动的声音，有钱的人听起来像“存钱、存钱”；欠债的人听起来却像“还钱、还钱”，好像连钟表也在催促自己赶快还钱。即使是对同一事物，由于境况、心情不同，每个人的感受也会有所不同。同样，建立在因人而异的智慧、才能、经验的基础之上的自力信心，其特性就是各不相同。

对此，法然上人说道：“所谓信心相异，乃自力信心之事也。即智慧各异故，信心亦各别。”

一般人所说的信心都是指这种自力之信心，所以信心因人而异就成为一种常识。谁也不知道还存在着一种所有人都相同的信心，这完全超出了人们的想象。同样，人们也不认为会存在所有人共同的人生目的（信心）。越是自恃具有健全判断力的人，就越是主张人生目的“因人而异”、“各自不同，各自都好”。

“他力之信心”万人皆同

然而，法然上人却令人震惊地指出，所有人共同的信心是真实存在的。在这段话中，法然上人自称“源空”，提及亲鸾圣人时则用了圣人当时的法名“善信房”。其文如下：

“他力之信心，无论善恶凡夫，皆受赐于佛。故源空之信心、善信房之信心，更无相异，乃同一也。”

法然上人首先明确指出：所有人能够共同拥有的信心是“他力之信心”。他力之信心与智慧、才能、学问、经验、善恶等无关，这是阿弥陀佛所赐予的信心。

接着，他断然说道：“慈悲平等的佛赐予我们的信心不可能有所不同。法然的信心、亲鸾的信心，都是佛所赐予的他力之信心，所以毫无区别，完全一样。”

可以这样比喻：尽管各个家庭的电视机有大小新旧等差别，但只要播放的是同一电视台的节目，其内容就不会有所不同。

我们在论述他力之信心时，使用“获得”、“获”、“得到”

这样的词语，其原因也在于这是阿弥陀佛所赐予的信心。

最后，法然上人对容易理解错误的地方进行了耐心的说明："法然的信心是与智慧、学问等无关的他力信心。自力信心的人去不了我要去的净土。必须认真体会'自力信心'与'他力信心'的不同之处。"

由此可知：能够破除苦恼的根源，获得"生而为人真好"的生命喜悦，实现人生目的，完全是依靠弥陀所赐予的信心。正是为了揭示出这种他力信心的世界，亲鸾圣人才明知会受到非难，也勇敢地与法友们进行激烈的争论。

圣人这样说道：

凡圣逆谤齐回入，
如众水入海一味。

《教行信证》

"获得他力信心（'齐回入'）的人，都会完成同样的人生目的，犹如百川入海，成为一味。这与有无才能、健康与否，以及人种、职业、贫富等差异毫无关系，所有的人都能够在同样充满喜悦的世界里共生。"

亲鸾圣人用这句话明确地告诉我们：人生目的，是万人皆同的。

第27章

人生目的与生存手段的分水岭

极速圆融的“一念之拯救”

亲鸾圣人所说的“一念”，有两种含义。

其一是指实现了人生目的的世界——“无碍之一道”，这从本书第11章开始就已阐述过。其二则是指弥陀拯救的速度之快。

亲鸾圣人把弥陀的拯救形容为“极速圆融”。“极速”，就是“极快”；“圆融”，就是“圆满无缺”。如果拯救需要时间，就不能说是“极速”；如果拯救不够完满，就不能说是“圆融”。

> “一念”者，斯显信乐开发时克之极促。
>
> 《教行信证》

“所谓‘一念’，即完成人生目的之时。它是比几亿分之一秒还要短促的时间。”

在这里，亲鸾圣人把完成了人生目的、知道了自己只为这一个目的而生，称为“信乐开发”；把完成人生目的时，无法用分秒去计算的极速称为“时克之极促”。这正是弥陀的拯救被形容为“极速圆融”的原因。

那么，弥陀的拯救为什么如此迅速呢？觉如上人这样阐明：

> 如来之大悲，以短命之根机为本。若以多念为本愿，生命刹那终结之无常迅速之机，焉能乘本愿乎？故真宗之枢要，以一念往生为渊源。
>
> 《口传钞》

“弥陀的慈悲十分彻底，将处于最坏的状态，也就是瞬间之后就要去世的人作为首要的拯救对象。如果拯救需要三秒钟，那就无法拯救生命只剩下一秒钟的人。‘一念’的拯救才是弥陀本愿（誓愿）所独有的最重要的特征。”

觉如上人甚至说：“真宗之枢要，以一念往生为渊源。”在佛教里，没有比“枢要”、“渊源”更有分量的说法了。可见，亲鸾圣人是何等强调一念的拯救（一念往生）。

荷花凋落时，即是浮起时

自古以来，就有人以“明来暗去，暗去明来”描述一念的快速。是光明先来黑暗后去呢，还是黑暗先去光明后到呢？哪一种说法都可以，但哪一种说法又都不正确。因为那是无法用笔墨同时表达出来的。

为了便于说明，亲鸾圣人暂且将一念分为“前念”和“后念”。并将一念解释为“前面的生命死去、后面的生命诞生的时刻”。他这样阐述道：

> 信受本愿，前念命终。
> 即得往生，后念即生。
>
> 《愚秃钞》

被弥陀拯救时，“前念命终”——怀疑自己能否得救之心（后生黑暗之心）死去；与此同时，“后念即生”——确知自己得救实为不可思议之心（后生光明之心）诞生。因此，“一念”就是依靠弥陀的力量，“同时体验心的死亡和诞生”之时。

有人这样比喻一念：“荷花凋落时，即是浮起时。”然而归根结底，这只能说是“不可称、不可说、不可思议”的体验吧。

觉如上人这样表述弥陀拯救的一念。

> 一念拯救发起之际，即为迷妄终结、死亡之时。
>
> 《执持钞》

“无明之暗被破除之时，就是心死亡之时。”

他把后生光明之心诞生的时刻称为“一念拯救发起之际”。这时，苦恼的根源——后生黑暗之心死去，所以叫做“迷妄终结、死亡之时”。

觉如上人还以极其出色的文字这样阐述鲜明的一念之拯救。在这里，他把长期痛苦折磨自己的罪魁祸首称为“生死流转本源”，把无明之暗换称为“自力迷情”。

> 此娑婆生死之五蕴所成肉身[1]，虽尚未破；然于共发金刚心之一念，得破生死流转本源之自力迷情，归属于知识传承之佛语。此即名为“舍自力归他力”，亦称之为“即得往生”。
>
> 《改邪钞》

“在肉体生存之时，过去一直使自己痛苦的‘自力迷情’死亡于获得他力信心的一念之瞬间，此时即知道弥陀誓愿是真实的。这叫做‘舍弃自力，归入他力’，也叫做‘得到往生’。”

[1] **五蕴所成肉身**：由五种要素（色、受、想、行、识）构成的人身。——译者注

明辨真假是在同一时刻

亲鸾圣人一语道破：不可思议之一念是截然区分“人生目的”和“生存手段”的分水岭。

> 由不知真假，迷失如来广大恩德。
>
> 《教行信证》

“因为不知道真正的人生目的，所以感受不到‘生而为人真好’的生命喜悦。”

“真”是指“人生目的”，“假”则是指生活方式、爱好、目标等“生存手段”。“不知真假”，就是不能区分“目的”与“手段”；而“迷失如来广大恩德”，即为感受不到生命的巨大喜悦。

只有在无明之暗“死去”，辨别真假之心“诞生 ”的“一念”之时，才会明白“真”与“假”的区别。

比如说，在梦中遇见失火，为了求生拼命地奔跑，却被大火逼到楼顶，再也无路可逃。就在彻底绝望之际，梦醒了，惊出一身冷汗，这才知道自己是在做梦。在做梦的时候，根本不会知道是在梦中，更不会知道梦醒后的世界。只有从梦中醒来的时刻，才会同时分清梦幻与现实。

梦醒的时候，才会知道原来是在做梦。同理，明确得知“真”的时候，才会知道“假”原来是“假”。所以，明确区分真与假是在同一时刻。

在被如来广大恩德所救摄的一念之时，就会感受到“人身难得今已得”的生命的欢喜，得知这才是人生的目的。同时，也会清楚地知道，原来生活方式、爱好、目标等其实都是实现人生目的的手段。

为什么即使移植器官也要活下去？为什么再痛苦也不能自杀？为什么说人的生命重于一切？众多关于人生的理论之所以不能透彻地解答这些问题，就是因为他们不能明确区分生存的“目的”和“手段”。

弥陀的誓愿恰如一把锋利的宝剑，将真假人生在一念间截然分开。

亲鸾圣人于“一念”得以知晓“真”与“假”，明确了人生目的（为什么活着）与生存手段（怎样活着）的区别，从此他怀着对如来广大恩德的感激之情，坚强地度过了波澜万丈的一生。

第28章

实现人生目的后的亲鸾圣人

少有人知的一面

从右翼评论家到左翼思想家，不分宗系党派，都对亲鸾圣人赞不绝口。然而，亲鸾学子们却很担心，他们是否真正了解圣人呢？人们大多觉得圣人和蔼可亲，其实这并非他的全貌。圣人的真实形象一直不为世人所知，其教义也总是受到极大的误解。

亲鸾圣人具有令人难以抗拒的魅力，而他的言行又极其疾恶如仇，决不妥协。他的容貌看上去饱经风霜，字迹犹如刀刻般锋利，这些都可以说是圣人性格的典型表现。他激烈、严峻的性格在言行中表现得尤为显著，却几乎不为世人知晓。

圣人在31岁时断然吃荤娶妻，这本是为了向世人强调，弥陀的拯救是广度一切众生，不分在家、出家，所有人都能以其原本的面貌得到拯救。然而，这一行为由于颠覆了禁止僧侣结婚的传统，自然引起了佛教界的轩然大波。而圣人对他们的回应则是：

“此世所谓本山、本寺之高僧、法师，甚厌之。”

圣人毫不顾忌地坦言：我非常讨厌世间那些所谓名门寺院里的“高僧”、“大德”们。

亲鸾圣人平时性情温和，然而一旦发生歪曲佛法这种事关多生永劫的问题时，就会表现出毅然决然的态度。这种执著而激烈的信念引发了他和法友的多次争论。当他还在法然上人门下时，就和法友善慧房围绕“活着的时候能否往生”的问题展开过争论，圣人坚决主张“活着的时候就能往生”。这作为圣人一生中的三大争论之一流传至今。后来，那些怀恨在心的法友们攻击他背叛恩师、自立学说，是一个“背师自立”的厚颜无耻之徒，使他陷入孤立的境地。

一向专念无量寿佛

亲鸾圣人在35岁时曾被流放越后，这件事虽然广为人知，但其真实原因却很少有人知晓。

其实，最主要的原因是亲鸾圣人强调释迦本怀——“一向专念无量寿佛”，教导人们抛开其他一切诸佛、菩萨、诸神，只相信阿弥陀佛一佛。（这是佛教中最重要的教义。释迦牟尼佛亲口宣告说，我来到这个世上的目的，就是为了宣讲这一教义。）尤其是对诸神的排斥，激怒了视日本为神国的当权者及其勾结者，他们把亲鸾圣人视为扰乱社会秩序的恶魔，判处其死刑。幸亏九条兼实公[1]从中斡旋，才改为流放偏远之地。

主上、臣下，背法违义，成忿结怨。

《教行信证》

“从天皇到臣子，都在违逆佛法，践踏正义，任怒而为，犯下大罪。这是多么残暴的行径啊!”

在横行霸道的后鸟羽上皇的淫威下，恩师法然上人被流放，几位法友被处以死刑。亲鸾圣人义愤填膺，爆发出如此激烈尖锐的批判。

事情的起因是这样的：有流言说，在后鸟羽上皇离开京都前往熊野神宫参拜期间，法然门下的安乐房等二人以宣扬佛法为借口，进入宫中，与女子私通。上皇听信谣言，为泄私愤，欲惩办安乐房等人。而安乐房当面痛斥上皇：“不幸的不是我，而是你们！迫害坚守真实佛法之人，你们一定会堕入地狱，永生永世痛苦不绝。”上皇怒不可遏，命令在六条河原将安乐房等人斩首。

“那些流言根本就是无稽之谈！就算是真的，让众多女人侍奉自己的人有什么资格如此发怒？安乐房的气愤理所当然!”在亲鸾圣人眼里，不存在任何权威。

这个时候，当权者给予他的，既不是紫色的袈裟，也不

[1] 九条兼实公（1149—1207)：曾任关白之职，辅佐天皇。敬重法然上人。——译者注

是大师的尊号，而是罪犯的囚衣和流放的恶名。

断不可思以余人（为政者）为缘，弘扬念佛。

《御消息集》

“绝对不要幻想借助为政者的力量弘扬佛法。”

亲鸾圣人在晚年的书简中明显流露出厌恶当权者的情绪，大概是因为当权者的所作所为让他实在无法容忍吧。

在流放地忍受了五年的风霜雨雪之后，亲鸾圣人来到了关东，于一处名为稻田的地方结草为庵。为弘扬佛法，圣人不分昼夜地在关东一带东奔西走，然而，在这里的弘法之路决不平坦。

有一次，在大雪纷飞之中，圣人外出弘法。将近黄昏时，天气意外地恶化，狂风暴雪交加，举步维艰。这时，幸好看到了一户人家。这家的主人日野左卫门是一个猎人，他性格刻薄，又厌恶佛法，圣人一行向他请求留宿，被他冷冰冰地拒绝了。

亲鸾圣人怜悯日野左卫门，想设法救度他，于是决定在他家的院门下度过一夜。在白皑皑的雪地上，圣人以石为枕躺了下来。

日野左卫门入睡后，在梦中受到菩萨教诲，幡然醒悟。他飞奔出门，看到在呼啸的暴风雪中，亲鸾圣人正在安然地念佛。日野左卫门痛悔前非，把圣人请入家中。他聆听圣人的教义后深受感动，当下即拜亲鸾圣人为师，并更名为“入西房”。后来他把家宅改为寺院，命名为“枕石寺”，这所寺院至今仍广为人知。

当时的关东地区，迷信横行。其中有一支势力强大的邪教，教祖是板敷山上的山僧弁圆。

随着聚集到圣人门下闻法的人越来越多，弁圆的信徒日益减少。弁圆嫉妒稻田草庵的兴旺，视圣人为不共戴天之敌，曾几次在板敷山设下埋伏，试图袭击圣人，但都以失败告终。最后，他持剑闯进了圣人所居的草庵。

据《御传钞》记载，“圣人从容不迫出来与之相见”，毫无畏惧地面对剑锋。从这件事也可以看出，亲鸾圣人的性情何等凌厉激烈、勇敢豪迈。

“如果我置身于弁圆的处境，肯定也会去追杀。无论是杀还是被杀，恨还是被恨，都可以成为弘扬佛法的因缘。”感受到亲鸾圣人这种悲悯对手的伟大信念，弁圆终被弥陀所救摄，得获新生，并更名为“明法房”。

痛斥外道邪教

敬仰亲鸾圣人的人很多，但知道他曾严厉驳斥外道、邪教，甚至佛教其他宗派的人却似乎很少。因为许多人都说“亲鸾圣人讨厌对别人的信仰进行批判”。

> 九十五种皆污世，唯佛一道独清净。
>
> 《正像末和赞》

“世上虽有很多宗教，但都是污世之物，唯有佛法才是真实。”

圣人把一切宗教统称为“九十五种”，并且毫不犹豫地断言它们全都是在玷污世间，只有佛法才是真实的。这是多么痛彻的批判!

类似的断言在《教行信证》里还有很多，如“教诫外教邪伪异执”（批判世上宗教的错误），但是谁也不去论及这些。

亲鸾圣人严峻的目光不仅投向外道邪教，而且也投向了佛教其他宗派。

> 然末代道俗、近世宗师，沉自性唯心，贬净土真证。
>
> 《教行信证》

“然而，甚至连开辟一宗一派的那些人（最澄、空海、道元、日莲），也认为弥陀及其净土即为我心。他们将弥陀及净土在心之外的主张贬低为幼稚的教义，毁谤了真实的佛法。”

亲鸾圣人的抨击异常猛烈，锋芒逼人。

比睿山、南都（奈良）[1]的华严宗、天台宗、真言宗自不待言，就连攻击法然上人的明惠、解脱以及荣西等当时日本佛教界的领袖，都统统被亲鸾圣人抨击为“不知真实佛教之辈”。

而且，圣人对其他一切僧侣、儒教信徒的抨击也毫不留

[1] 奈良：日本古都，多有大寺院。——译者注

情："今天的佛教已经完全衰败。虽然寺院林立，僧侣众多，但尽是些对佛教一无所知的人。信奉儒教的人也很多，他们甚至连正道与邪道的界线都分不清。真正兴旺的，难道不是只有净土真宗吗？"

他这样写道：

窃以，圣道诸教，行证久废；净土真宗，证道今盛。

然诸寺释门昏教兮，不知真假门户；洛都儒林迷行兮，无辨邪正道路。

《教行信证》

不仅如此，对于只信弥陀一佛、一心念佛的法然门下的法友，圣人也进行了冷彻的批评。

迷定散自心，昏金刚真信。

《教行信证》

"他们虽然是在念佛，却因无明之暗未被破除，而不知晓金刚般的真实信心。"

晚年，回到京都的圣人面对不惜身命前来的关东法友，斩钉截铁地表明了自己鲜明不动的信念——"纵因念佛而堕地狱，亦绝无后悔"，最后说：

从今而后，取念佛信之，抑或舍而别求，任由各自抉择。

《叹异钞》

“舍弃念佛也罢，信奉念佛也罢，悉听尊便!”从这句话中，甚至能感觉到一种杀气。

圣人这种为了正确传播弥陀誓愿，近乎无情的严峻坚决至死都未改变。

亲鸾倘闭眼，当弃之贺茂河与鱼也。

《改邪钞》

“我死之后，扔到贺茂河里喂鱼吧!”

独自勇往直前的亲鸾圣人

世人骂他是吃荤娶妻的花和尚，当权者将他定罪流放越后，同门法友非难他是“背师自立”的傲慢和尚，弁圆将他视为仇敌……对于这些来自四面八方的攻讦，亲鸾圣人予以猛烈的还击：你们才是——

“违逆佛法的当权者”；

“不懂佛法的僧人”；

“不分善恶的儒者”；

“不明金刚真信之辈”。

并且意气轩昂地宣言：“净土真宗现在最为兴旺。”

这是何等严峻、自信，充满无所畏惧的勇气。

他力，就是如来不可思议的威神力。亲鸾圣人独自勇往直前的一生，正显示了阿弥陀佛所赐的“他力信心”之无坚不摧。

忙忙碌碌的现代人总是希望逃避现实，过一种行云流水般悠然自适的生活。他们如果知道亲鸾圣人的人生态度，恐怕会惊叹于他的坚强和刚毅。

然而，圣人不得不因为他的刚直不阿而蒙受世人猛烈的责难。人们谩骂他是佛教的宿敌、破戒的花和尚、恶魔、狂人，法友也谴责他是“背师自立”的忘恩负义之徒，最后，他还被流放于偏远之地。

但是，对于圣人来说，唯有弥陀本愿才是自己的生命，正确地传播本愿才是一切。在圣人的一生中，最能显示出他的护法精神的，是在遭受住宅毁于火灾的不幸后，与长子善鸾断绝父子关系一事。

建长 8 年[1] 5 月29日，84岁的圣人不得不给远在关东传法的50岁的长子善鸾寄去断绝关系书。

善鸾诡称“父亲曾于深夜单独授我秘法”，并且违背教义，向神祈祷，占卜吉凶。圣人断不容许亲生儿子这样践踏佛法，曾经多次予以劝阻，但善鸾却全然不知悔改。最终，圣人不得不作出如此断肠之举。

[1] 建长 8 年：1256年。——译者注

如此可悲，夫复何言！吾今已不为汝父。亦断不以汝为子。悲哉。

《义绝状》

“可悲啊！我已无话可说。从今以后我不再是你的父亲，也不再认你为我的儿子。唯有悲痛而已！”

圣人在极度苦恼中写就的这封殉教般的绝情书，大概让不少人都深受感动吧。

而除了先前的种种责难之外，对这件事的嘲笑、谩骂又如狂风暴雨般向他袭来：“破坏家庭，这算什么佛法？”“连自己的亲生儿子都不能引导，还妄谈拯救他人，真是滑天下之大稽！”也许，这是理所当然的。圣人应该清楚地知道，自己作为破坏家庭的罪魁祸首，必然会招来世人的反感。

圣人这种疾恶如仇、绝不妥协的精神，即使到了老成圆通的晚年也丝毫没有改变。在视宽容为美德的人眼里，他的言行一定是难以容忍的。

但是，如果亲鸾圣人耽于父子亲情，对善鸾的言行采取默许的态度，那么几亿兆人就会无法得遇真实的拯救。这种严峻、坚决的态度完全是为了引导人们实现共同的人生目的。

“假令身止，诸苦毒中，我行精进，忍终不悔。”无论遇到什么样的苦难，都决不后悔。

圣人的坚忍，令亲鸾学子们感动涕零。

细想起来，恐怕没有人像亲鸾圣人这样孤独一生。他的生涯名副其实是“独生独死，独去独来”。

弘长 2 年11月28日[1]，亲鸾圣人在京都城内的万里小路东回归净土，享年90岁。据说弟子中只有显智、专信，亲人中只有第五子益方、第七子觉信尼为其送终。

这样的临终，也许正恰当地体现了独自勇往直前的亲鸾圣人的一生。

合掌

[1] **弘长 2 年11月28日:** 阳历为1263年 1 月16日。——译者注

后记

人为什么活着?

人生的目的是什么?

亲鸾圣人的回答简洁明快。

“人生的目的不是钱财，也不是名誉或者地位，而是斩断人生苦恼的根源，得到‘生而为人真好’的生命喜悦，活在未来永恒的幸福里。”

这也被称为“得到摄取不舍之利益”或者“无碍之一道”。

《教行信证》一书始于“庆哉”、终于“庆哉”，通篇洋溢着光辉跃动的生命喜悦。这正是圣人达成了人生目的的炽热法悦。

人活着，是为了追寻幸福。然而现实中，获得真正幸福的又有几人呢?无论成人还是孩子，所有人的不幸都在于感受不到生命的喜悦。

“人生有意义吗?”

“痛苦的人生也有活下去的价值吗?”

人类陷入更深的困惑。

在一片迷惘中，亲鸾圣人“活着是多么美好……”的呼喊更显得高亢洪亮。为什么移植器官也要活下去?为什么不能自杀?为什么说人的生命重于一切?如果生命的尊严得以彰显，所有关于人存在意义的疑团都会冰消雪融，必将强有力地推动各种问题的解决。

当然，圣人也指明了实现人生目的的道路。因本书着重论述人生目的的确切存在，故未能涉及，望读者谅解。

在此，且以一言蔽之:

当明白人生目的之时，一切痛苦都将具有意义;

当为此目的而活之时，一切努力必将得到回报。

2015年1月

在物欲横流的社会里，在倏然流逝的岁月中，

你有没有遗忘了很珍贵的东西?

读者感想：

●送给亲爱的人的礼物

希望将这本书带给我的感动，也传递给我关心的人。感谢这份丰盈的祝福!（28岁·女性）

●为生活增添温馨

我是利用上班休息时间看这本书的。很不可思议的是，读这本书心里会暖暖的，很温馨。心里感到温馨，自然而然在公司的人际关系也变得圆融了。在家里，我自己也有了改变，和先生、孩子相处得也比以前更融洽了。它真是我的心灵营养补品啊!（50岁·女性）

●使压力一扫而空

在简短的文章当中，包含着自省的态度以及积极向上的鼓舞，让我平日的压力和烦恼都烟消云散，真的是值得再三咀嚼的好书!（27岁·男性）

●消除疲劳，充满干劲!

我一直用功念书，可是成绩老是不见起色，每天都处于紧绷的状态中。但是，我在学校晨读时间开始读这本书之后，心理疲劳逐渐得到了缓解，每一天都变得充满了干劲。读这本书，让我心中涌起了最真挚的感动。能够得到如此温馨的祝福，真的很感谢!（高中生）

佛陀教你放下：

一个斯里兰卡佛教长老的实践心理学

人，原本带着超凡的正能量降临人世。孩提时爱笑的我们长大成人后，越来越疲惫，那股正能量在不断地外泄，我们该如何让自己“满血复活”呢？来自斯里兰卡的小乘佛教长老苏曼那沙拉，以俯拾即是的日常小故事，结合佛教教义以及自身修行成果——佛陀的实践心理学，教人们防止生命能量泄漏的方法，补充正能量和生命力。